Akbar John
Zaima Azira Zainal Abidin
Ahmed Jalal Khan Chowdhury

Bioprospetti dell'ecosistema costiero e gestione sostenibile delle risorse

AF191031

Akbar John
Zaima Azira Zainal Abidin
Ahmed Jalal Khan Chowdhury

Bioprospetti dell'ecosistema costiero e gestione sostenibile delle risorse

ScienciaScripts

This book is a translation from the original published under ISBN 978-620-2-79106-9.

Publisher:
Sciencia Scripts
is a trademark of
Dodo Books Indian Ocean Ltd. and OmniScriptum S.R.L publishing group

120 High Road, East Finchley, London, N2 9ED, United Kingdom
Str. Armeneasca 28/1, office 1, Chisinau MD-2012, Republic of Moldova, Europe
Managing Directors: Ieva Konstantinova, Victoria Ursu
info@omniscriptum.com

Printed at: see last page
ISBN: 978-620-3-50706-5

Contenuto

PREFAZIONE

Mentre stiamo per entrare nel tempo della pandemia post COVID-19, molte sfide devono essere affrontate, specialmente sul piano d'azione per la ripresa economica (post-COVID-19) attraverso l'utilizzo sostenibile delle risorse naturali e l'implementazione di pratiche di misurazione appropriate. Per raggiungere l'"Agenda 2030" degli obiettivi di sviluppo sostenibile (SDGs) delle Nazioni Unite, le risorse naturali devono essere saggiamente esplorate. La conoscenza dell'ecosistema costiero, le sue dinamiche e i potenziali di bioprospezione sono ben affrontati su scala globale. Tuttavia, a livello regionale, i potenziali dell'ecosistema costiero sono meno esplorati a causa della complessità del sistema di suddivisione delle risorse e della natura intrecciata dell'intervento di più parti interessate nel processo decisionale. La Malesia ha una lunghezza totale della costa di circa 4809 km (divisa in 1.972 km nella Malesia peninsulare e 2837 km nella Malesia orientale) che ha una speciale importanza socio-economica. Molti piani d'azione strategici sono stati implementati per proteggere la costa dalla frammentazione e dal degrado dovuto a cause naturali e artificiali.

Gli ecosistemi costieri sono il paesaggio più produttivo e prezioso che cambia costantemente a causa di varie pressioni ambientali e dell'urbanizzazione, sono sempre affrontati insieme come "ecosistemi estuarini e costieri" (ECE) a causa della loro complessità nel fornire servizi ecologici. Al fine di interconnettere le dinamiche dell'ecosistema costiero ed esplorare le sue potenzialità di bioprospezione, questo libro è stato pensato per affrontare l'importanza olistica dell'ecosistema costiero e le sue potenzialità di bioprospezione. Il libro è la raccolta completa di dati basati sulla ricerca dagli studi sugli ecosistemi costieri della Malesia (specialmente dalla costa orientale della Malesia peninsulare). Il libro è composto da nove capitoli che affrontano le questioni relative a (ma non limitate a) il potenziale bio-prospettico come lo screening di attinomiceti dall'ecosistema costiero, la bioprospezione microbica utilizzando l'approccio 'omics', l'importanza dell'acquacoltura integrata multi-trofica, la diversità biotica e l'erosione della costa nell'ecosistema costiero. Siamo ottimisti nell'affermare che le conoscenze approfondite e le intuizioni scientifiche condivise in questo libro contribuiranno agli obiettivi di sviluppo sostenibile in modo olistico e in particolare agli SDG 13, 14 e 15.

I nove capitoli affrontati nel presente libro intitolato '*Bioprospetti dell'ecosistema costiero e gestione sostenibile delle risorse*' sono scritti da più di 30 ricercatori di varie discipline che indicano la conoscenza transdisciplinare offerta in questo libro. I lettori saranno esposti a nuove conoscenze in ogni capitolo e la disposizione di tutti i nove capitoli scorre con l'argomento centrale del libro. I capitoli affrontati in questo libro sono 1) variazioni stagionali della diversità dei pesci e la ricchezza delle specie presso l'acqua costiera, Pekan, Pahang, Malesia, 2) Studio di glucosio-6-fosfato deidrogenasi attività di saggio in mangrovia streptomyces per actinohordin e sottocylprodigiosin produzione, 3) Coltivazione vs l'approccio 'Omics' per bioprospecting microbico nel secolo [21st]: ambiente costiero in Malesia, 4) acqua aperta integrato multi-trofico acquacoltura (IMTA) in ecosistema costiero: lo stato e le prospettive in Malesia, 5) Proprietà antiossidanti di (*Nerita articulata*) drom estuario mangrovia Kuantan, Pahang Malesia, 6) batteri resistenti ai metalli pesanti dal sedimento marino di pantai Balok, Pahang, Malesia, 7) tolleranza alla salinità e prestazioni di crescita di branzino asiatico (*Lates calcarifer*) giovani, 8) Recensione: actinomiceti diversità e capacità biosintetiche della costa orientale della Malaysia peninsulare acqua costiera e, 9) cambiamento climatico e difese costiere in Malesia: Una revisione. Le figure a colori sono state incluse in questo libro di ricerca per illustrare meglio le caratteristiche di alcune delle complesse parti di discussione. Crediamo fortemente che questo libro sia un valore aggiunto per svelare i tesori nascosti inesplorati del dinamico ecosistema costiero della Malesia. Prevediamo anche che i dati presentati in questo libro fungeranno da base per esplorare ulteriormente la ricerca e migliorare le pratiche di gestione dell'ecosistema costiero in Malesia.

Editori
Akbar
John Zaima Azira Zainal
Abidin Ahmed Jalal Khan
Chowdhury

La Malesia si trova nel sud-est asiatico e comprende due regioni: la Malesia peninsulare e gli stati di Sabah e Sarawak. La superficie totale copre 329.293 km2 mentre la lunghezza totale della costa è di circa 4.809 km. Inoltre, ci sono circa 1.000 isole e barriere coralline appartenenti alla Malesia. La zona costiera è legata ad un significato sia socio-economico che ambientale. La maggior parte delle popolazioni occupa quest'area ed è anche un centro di attività economiche che comprendono l'acquacoltura, lo sfruttamento di petrolio e gas, l'agricoltura, il trasporto e altri. Le aree di mangrovie sono uno degli ecosistemi più produttivi della Terra. Le mangrovie sono un vivaio e un luogo di riproduzione per molti pesci e crostacei, e habitat per molte specie selvatiche.

Lo sviluppo progressivo nelle aree costiere per l'urbanizzazione e gli scopi economici ha avuto un impatto negativo sull'ecosistema ambientale. Quindi, la necessità di stabilire uno sviluppo sostenibile per garantire un equilibrio tra sviluppo e protezione dell'ambiente. La Malesia ha espresso l'impegno a sostenere e attuare l'Agenda 2030 e gli Obiettivi di Sviluppo Sostenibile (SDGs) e stabilisce un ambizioso piano d'azione per le persone, il pianeta, la prosperità, la pace e il partenariato con l'obiettivo di non lasciare nessuno indietro. Quindi, l'attuazione di pratiche di sviluppo sostenibile e approcci olistici nelle zone costiere è la chiave per raggiungere questo obiettivo.

Sono lieto che i ricercatori della Kulliyyah of Science, IIUM abbiano preparato questo libro nella sua forma attuale con il titolo "*Bioprospetti dell'ecosistema costiero e gestione sostenibile delle risorse*". Il libro ha affrontato varie questioni e il potenziale di bioprospezione degli ecosistemi costieri in una scala più ampia che apre opportunità di discussione intellettuale nel prossimo futuro. L'avvento della tecnologia moderna fornisce una visione sul potenziale delle acque costiere e sottolineato in questo libro. Pertanto, sono ottimista sul fatto che i risultati di questa pubblicazione forniranno input significativi e d'impatto ai lettori per aggiornare le loro conoscenze sulle acque costiere in Malesia.

Prof. Dr. Kamaruzzaman Yunus
Direttore del
campus dell'Università islamica
internazionale della Malesia,
Campus di
Kuantan
Pahang,
Malesia

Gli approcci olistici e integrati per lo sviluppo sostenibile e l'utilizzo degli ecosistemi costieri sono ben discussi tra la comunità scientifica e i responsabili politici negli ultimi anni. A questo proposito, l'importanza dell'ecosistema oceanico e l'utilizzo delle sue risorse è una delle principali priorità dell'obiettivo di sviluppo sostenibile delle Nazioni Unite (SDG), in particolare l'SDG -14 "Vivere sott'acqua". Poiché l'oceano copre una porzione sostanziale della superficie terrestre, si stima che oltre 3 miliardi di persone dipendano dalle risorse marine e costiere per il loro sostentamento. Al giorno d'oggi, l'ecosistema costiero è sempre più degradato o distrutto da molte attività umane e alla fine riduce la sua capacità di sostenere servizi ecosistemici cruciali. Alla fine, il deterioramento dell'ecosistema costiero ha avuto un impatto negativo sul benessere umano a livello globale.

Detto questo, le risorse biologiche dell'ecosistema costiero sono meno esplorate, specialmente per quanto riguarda la disponibilità di risorse potenziali bioattive e il loro utilizzo sostenibile. Il presente libro su "Bioprospezione dell'ecosistema costiero verso una gestione sostenibile delle risorse" è uno sforzo tempestivo da parte dei ricercatori dell'International Islamic University Malaysia (IIUM) per compilare le minacce attuali che impattano la gestione dell'ecosistema costiero ed esplorare il potenziale di bioprospezione possibile per una vita umana sostenibile. Considerando il fatto che la Malesia è una delle nazioni con una grande biodiversità e dà sempre la priorità alla biodiversità come fattore chiave nella tabella di marcia della ricerca, sono sicuro che le informazioni scientifiche condivise dai ricercatori della Malesia fungeranno da riferimento per un ulteriore utilizzo delle risorse costiere in modo efficace e apriranno le porte per ulteriori ricerche.

Anche se il libro si rivolge principalmente alle scoperte scientifiche, osservo il contenuto e l'intenzione dei redattori e degli autori con l'aiuto della visione IIUM che insistono per sviluppare individui olistici che possono agire come un 'Khalifa' (cioè, leader) e 'Rahmathal lil Alameen' (cioè, misericordia per tutti i mondi) veramente guidato dai principi divini di 'Maqasid al-Shari'ah'. Mi congratulo con i collaboratori per il loro sincero e tempestivo sforzo. In linea con la visione e la missione dell'IIUM e l'obiettivo di raggiungere l'SDG 2030, sono sicuro che questo libro è un valore aggiunto e informativo per un ampio spettro di lettori tra cui accademici, ricercatori, responsabili politici, organizzazioni non governative (ONG) e studenti.

Prof. Dr. Ahmad Hafiz Bin

Zulkifly Vice Rettore (Ricerca Responsabile e

Innovazione) Università Internazionale Islamica

Malesia

Variazioni stagionali della diversità dei pesci e della ricchezza delle specie nell'acqua costiera, Pekan, Pahang, Malesia

Akbar John, B. [1*], Khuraisha, N. [2], Jalal, K.C.[A2*]. Najiah, M. [3] e Nadirah, [M3]

[1Istituto] di Oceanografia e Studi Marittimi (INOCEM),
2Dipartimento di Scienze Marine, Kulliyyah of Science, International Islamic University Malaysia (IIUM), Kuantan 25200, Pahang Malaysia.
[3Facoltà] di pesca e scienze alimentari, Universiti Malaysia Terengganu (UMT), 21030 Kuala Nerus, Terengganu

*Autore [corrispondente]: akbarjohn50@gmail.com, _jkchowdhury@iium.edu.my_

ABSTRACT

Questo studio è stato condotto da aprile 2019 a ottobre 2019 per indagare le variazioni stagionali sulla diversità dei pesci e la ricchezza delle specie nelle acque costiere di Pekan, Pahang (Pantai Sepat, Cherok Paloh e Tanjung Selangor), Malaysia. Un totale di 5341 singoli pesci sono stati registrati che comprendevano 47 famiglie e 108 specie di cui 2444 individui registrati durante la stagione non monsonica e 2897 individui durante la stagione dei monsoni. Le famiglie più dominanti erano Nemipteridae seguite da Lutjanidae e Carangidae. La più alta ricchezza di specie è stata osservata durante la stagione non monsonica con 95 specie. L'indice di Shannon-Weaver (H'), l'indice di diversità di Simpson (1-D) e l'indice di Berger-Parker sono stati applicati per dimostrare la diversità delle specie, la ricchezza, l'uniformità e la dominanza dei pesci nelle aree di campionamento e i valori complessivi per la stagione non monsonica sono rispettivamente 3.284, 0.9326 e 0.1335 mentre per la stagione monsonica sono rispettivamente 2.766, 0.8798 e 0.2751. L'alto indice di diversità (Shannon-Weaver e Simpson) è stato osservato nella stagione non monsonica. Questo studio ha anche dimostrato che le variazioni stagionali da sole non possono influenzare il numero di specie in una popolazione lungo le acque costiere di Pekan. Tuttavia, lo stato delle attività di pesca, le specie ittiche raccolte e la qualità dell'acqua lungo le acque costiere di Pekan devono essere monitorate frequentemente per la raccolta sostenibile delle specie commerciali nelle acque costiere di Pahang, Malesia.

Parole chiave: Biodiversità; Distribuzione dei pesci; Ecologia; Ricchezza di specie.

INTRODUZIONE

La Malesia, come una delle nazioni della mega-biodiversità, ospita un totale di 1951 specie di pesci d'acqua dolce e marini appartenenti a 704 generi e 186 famiglie di cui la metà delle specie sono attualmente minacciate e quasi un terzo delle quali provengono principalmente dagli habitat marini e corallini (Chong et al., 2010). In particolare, la costa orientale della Malesia peninsulare è un terreno di pesca suscettibile di attività di catture accessorie da parte dei pescatori malesi e vietnamiti. È stato osservato che le pratiche di pesca indiscriminate sono state condotte lungo le acque costiere Pahang per un decennio, il che potrebbe essere responsabile del graduale declino delle risorse ittiche in questa affascinante zona costiera nel lungo periodo. Infatti, l'osservazione personale del pescatore locale ha anche dichiarato che la riduzione del numero delle diverse specie si è verificata a causa di diversi fattori come le massicce intrusioni dei pescatori vietnamiti nelle acque internazionali vicino alla ZEE malese. La maggior parte delle specie come il pesce balestra stellato, il pesce sogliola, lo squalo tigre e lo squalo martello sono difficili da trovare oggi. Secondo Fazly et al., (2018), una barca da pesca straniera trovata dal Vietnam si era intrufolata nelle acque costiere malesi per pescare l'[11] maggio 2019. Inoltre, la Malaysian Society of Marine Sciences ha dichiarato che il mare rosso contaminato dalla bauxite al largo della zona costiera di Pahang è destinato ad essere un "mare morto": fino a tre anni. Questo è dovuto all'aumento del deflusso della terra ocra-rossa nelle miniere e nei depositi situati a Kuantan.

1

La gestione della pesca ha sempre considerato gli aspetti biologici, tecnologici, economici, sociali, ambientali e commerciali rilevanti del settore per assicurare un'efficace conservazione e

gestione di tutte le risorse della pesca. La determinazione del potenziale attuale delle risorse sono sempre state considerazioni importanti per i gestori della pesca. DOF 2015]. Diversi problemi di gestione e sfide che hanno un alto impatto sulla capacità di pesca sono identificati come segue: i. Risorse che vengono sovrasfruttate, ii. Dati aggiornati inadeguati sulle risorse ittiche, iii. Inadeguata capacità e abilità per il monitoraggio e la sorveglianza. vi. Insufficiente consapevolezza e partecipazione pubblica.

Gli studi inediti condotti a Pantai Sepat da Jalal et al. (2012) hanno mostrato che questa zona non è altamente diversificata con le specie. Tuttavia, non ci sono stati studi precedenti sulla diversità dei pesci lungo le acque costiere di Pekan, Pahang (da Pantai Sepat a Tg. Selangor - la zona centrale di Kuala Pahang) che sono la zona più vitale per le attività di pesca nelle acque costiere del Pahang. Pertanto, il presente studio ha lo scopo di indagare la diversità e la distribuzione dei pesci e la loro variazione stagionale nelle acque costiere di Pahang, Malesia.

MATERIALI E METODI

Posizione del campionamento dei pesci
L'area di studio si basa su ambienti marini che si estendevano lungo le acque costiere di Pahang, da 3.40155 ºN a 3.34894 ºN e 103.21174 ºE a 103.25089 ºE circa 16 km (Fig 1). Le aree costiere di Pahang come Cherating, Teluk Cempedak, Tanjung Lumpur e Pantai Sepat stanno diventando le spiagge più attraenti offrendo un bel paesaggio e attività ricreative (Azid et al., 2015; Tobergte & Curtis, 2013). Il campionamento dei pesci è stato condotto da aprile 2019 a ottobre 2019 coprendo la diversità e la distribuzione dei pesci da Pantai Sepat, Cherok Paloh e Tanjung Selangor vicino a Kuala Pahang durante entrambe le stagioni monsoniche e non monsoniche. Il campionamento è stato condotto a mezzogiorno, poiché la maggior parte dei pescatori ha sbarcato la propria barca a quest'ora. Cinque anni (dal 2014 al 2018) di dati accumulati ottenuti dal World Weather Online hanno mostrato che la più alta velocità del vento si è verificata nel 2016. Il mese più piovoso con le precipitazioni più elevate è dicembre (563,9 mm) mentre il mese più secco con le precipitazioni più basse è febbraio (142 mm) (MMD, 2019).

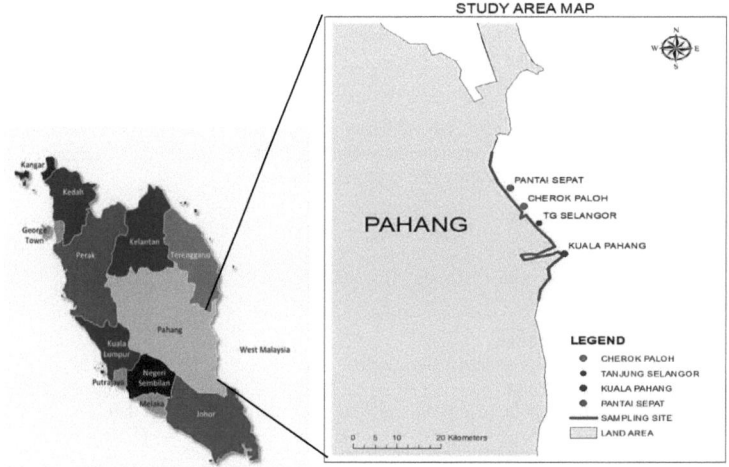

Fig. 1: Posizione dei siti di campionamento.

Raccolta di dati e identificazione dei pesci

Gli esemplari sono stati raccolti dai siti di sbarco dei pesci al mercato vicino a Pantai Sepat due volte al mese. I pesci sono stati classificati per specie e le lunghezze standard sono state prese usando un righello e una tavola di montaggio sul campo, dove possibile. Tutti i pesci catturati sono stati contati e fotografati usando una macchina fotografica ad alta risoluzione. I campioni di pesce raccolti dalle aree di studio sono stati identificati in base ai loro caratteri morfometrici e meristici secondo la tecnica menzionata da Mansor et al, (1998); Ambak et al (2010). I dati ambientali come la temperatura e le precipitazioni sono stati ottenuti dal World Weather Online.

Analisi dei dati e del

software Indice di

diversità di Shannon

L'indice di diversità calcolato utilizzando l'indice di diversità di Shannon-Weaver è utilizzato per caratterizzare la diversità delle specie in una comunità e tiene conto sia dell'abbondanza che dell'uniformità delle specie presenti. Questo indice è il più favorito rispetto agli altri indici. Di solito, i valori sono compresi tra 0,0 - 5,0 e i risultati ottenuti sono compresi tra 1,5 - 3,5. Sulla base di questo indice, si può identificare la condizione dell'habitat. La struttura dell'habitat è considerata stabile ed equilibrata quando i valori sono superiori a 3,5, mentre i valori inferiori a 1,0 indicano che la struttura dell'habitat è già degradata e inquinata. Pertanto, questo indice è molto importante per conoscere l'ambiente in generale.

Formula

H' -Σ [ni / N) x (ln ni / N)]

dove,

3

H' : Indice di diversità di Shannon
ni : Numero di individui appartenenti alla specie i
N : Numero totale di individui

Indice di diversità Simpson

Poi, l'indice di dominanza di Simpson (D) è stato utilizzato per quantificare la biodiversità dell'habitat che considera il numero di specie, così come l'abbondanza di ogni specie. Questo indice varia tra 0-1. Tuttavia, il risultato è sottratto da 1 per correggere la proporzione inversa.

Formula

$$1 - D \left[\Sigma \, ni \, (ni - 1) \right] / N \, (N-1)$$

dove,

D : Indice di diversità Simpson
ni : Numero di individui appartenenti alla specie i
N : Numero totale di individui
Poi, la forma reciproca (1/D) dell'indice Simpson è adottata per l'interpretazione dei dati.

Indice Berger- Parker

Questo indice è utilizzato per misurare l'importanza proporzionale delle specie più abbondanti. Come l'indice Simpson, il reciproco dell'indice, 1/d è spesso usato in modo che l'aumento del valore dell'indice rappresenta un aumento della diversità e una riduzione della dominanza.

Formula

$$d = N_{max} / N$$

dove,

Nmax : Numero di individui nella specie più abbondante

N : Numero totale di individui nel campione

Gli indici di diversità e ricchezza di specie Shannon-Weaver (H'), Simpson [1-D o 1/D], e Berger-Parker dominance Index sono stati calcolati utilizzando Biodiversity Pro V2 (Shannon e Weaver, 1949; Simpson, 1949; Caruso et al., 2007). Tutte le analisi del software sono state effettuate utilizzando PAST326, mentre l'analisi statistica è stata eseguita utilizzando SPSS 25v.

4

RISULTATI

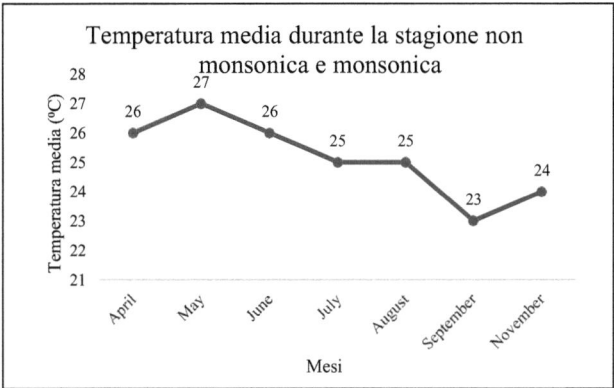

Fig. 2: Temperatura media di Pekan, Pahang durante la stagione non monsonica e monsonica

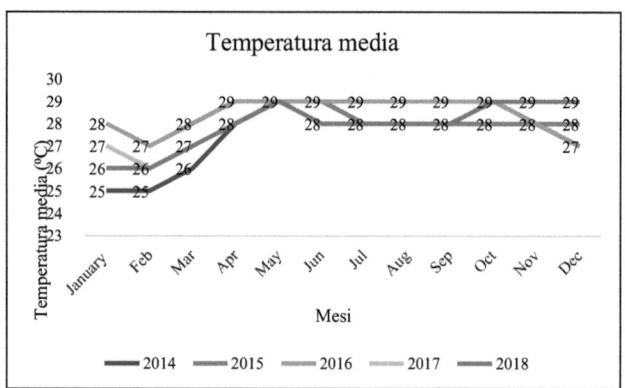

Fig. 3: Cinque anni di dati meteorologici della temperatura media a Pekan, Pahang
(*fonti: https://www.worldweatheronline.com/pekan-weather-history/pahang/my.aspx*)

La temperatura media registrata durante la stagione non monsonica variava tra 25°C e 27°C, dove la più bassa è stata registrata in luglio e agosto e la più alta in maggio (Fig 2). Durante la stagione dei monsoni, la temperatura media più alta è stata registrata in ottobre (24°C) e la più bassa (23°C) in settembre. I cinque anni di dati meteorologici (2014-2018) hanno rilevato che la temperatura varia tra 25°C e 29°C (Fig 3). La temperatura è leggermente aumentata di 1°C ogni anno. Da luglio ad agosto, la temperatura è costantemente stagnante a 28°C dal 2014 al 2018.

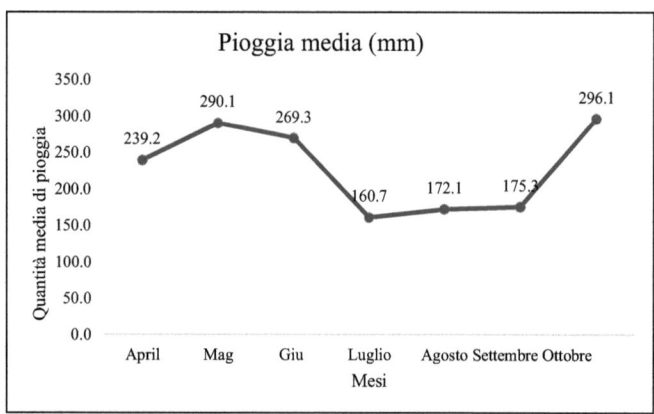

Fig. 4: Quantità media di pioggia (mm) di Pekan, Pahang durante il non-monsone e il monsone

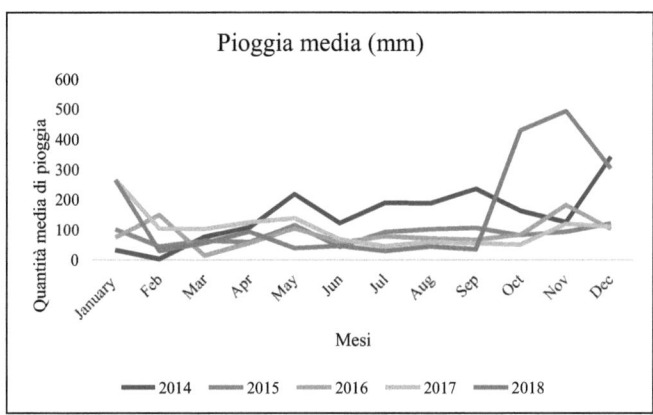

Fig. 5: Dati quinquennali della quantità media di pioggia (mm) a Pekan, Pahang
(fonti: https://www.worldweatheronline.com/pekan-weather-history/pahang/my.aspx)

Durante la stagione non monsonica, la più alta quantità media di precipitazioni (mm) è stata registrata a maggio (290,1 mm) e la più bassa a luglio (160,7 mm). Nel frattempo, durante la stagione dei monsoni, la più alta quantità media di pioggia (mm) è stata registrata in ottobre (296,1 mm) e la più bassa in settembre (175,3 mm). L'andamento quinquennale dei dati meteorologici ha mostrato che le precipitazioni hanno raggiunto il livello massimo di 494,1 mm nel mese di novembre a Pekan, Pahang, dove il livello minimo è stato di 2,53 mm nel mese di febbraio (Fig. 4). La temperatura dell'aria è variata tra 25°C e 29°C lungo gli anni dal 2014 al 2018 (Fig 5).

Tabella 1: Elenco delle specie identificate nell'acqua costiera Pekan, Pahang

Classe	Ordina	Famiglia	Specie
	Beryciformes	Holocentridae	*Sargocentron rubrum*
	Beryciformes	Holocentridae	*Myripistis hexagona*
	Mugiliformes	Mugilidae	*Valamugil speigelri*
	Clupeiformes	Clupeidae	*Sardinella melanura*
	Clupeiformes	Chirocentridae	*Chirocentrus dorab*
Actinopterygii	Clupeiformes	Eugraulidae	*Thryssa mystax*
	Siluriformes	Ariidae	*Arius maculatus*
	Siluriformes	Plotosidae	*Plotosus canius*
	Gadiformi	Batrachoididae	*Batrachomoeus trispinosus*
	Perciformes	Carangidae	*Selaroides leptolepis*

Perciformes	Carangidae	*Selar boops*
Perciformes	Carangidae	*Atule mate*
Perciformes	Carangidae	*Tranchinotus blochii*
Perciformes	Carangidae	*Alectis indicus*
Perciformes	Carangidae	*Alectis ciliaris*
Perciformes	Carangidae	*Carangoides malabaricus*
Perciformes	Carangidae	*Megalaspis cordyla*
Perciformes	Caesionidae	*Caesio astuto*
Perciformes	Caesionidae	*Caesio caerulaurea*
Perciformes	Chaetodontidae	*Coradion chrysozonus*
Perciformes	Chaetodontidae	*Chelmon rostratus*
Perciformes	Drepaneidae	*Drepane longimana*
Perciformes	Drepaneidae	*Drepane punctata*
Perciformes	Ephippidae	*Platax teira*
Perciformes	Gerreidae	*Gerres oyena*
Perciformes	Gerreidae	*Gerres erythrourus*
Perciformes	Haemulidae	*Pomadasys maculatus*
Perciformes	Haemulidae	*Pomadasys kaakan*
Perciformes	Haemulidae	*Diagramma punctatum*
Perciformes	Haemulidae	*Plectorhincus gaterinus*
Perciformes	Lactariidae	*Lactarius lactarius*
Perciformes	Lethrinidae	*Lethrinus lentjan*
Perciformes	Lethrinidae	*Letrinus miniatus*
Perciformes	Lethrinidae	*Lethrinus genivittatus*
Perciformes	Lethrinidae	*Letrinus ornatus*
Perciformes	Lethrinidae	*Gymnocranius frenatus*
Perciformes	Lutjanidae	*Lutjanus vitta*
Perciformes	Lutjanidae	*Lutjanus ruselli*
Perciformes	Lutjanidae	*Lutjanus malabaricus*

Perciformes	Lutjanidae	*Lutjanus lutjanus*
Perciformes	Mullidae	*Upenus tragula*
Perciformes	Mullidae	*Upeneus japonicus*
Perciformes	Nemipteridae	*Pentapodus setosus*
Perciformes	Nemipteridae	*Scolopsis monograma*
Perciformes	Nemipteridae	*Nemipterus furcosus*
Perciformes	Nemipteridae	*Scolopsis taenioptera*
Perciformes	Nemipteridae	*Scolopis affinis*
Perciformes	Pomacanthidae	*Chaetodontoplus mesoleucus*
Perciformes	Rachycentridae	*Rachycentron canadum*
Perciformes	Serranidae	*Epinephelus areolatus*
Perciformes	Serranidae	*Cephalopholis urodeta*
Perciformes	Serranidae	*Cephalopholis cyanostigma*
Perciformes	Serranidae	*Epinephelus formosa*
Perciformes	Serranidae	*Epinephelus coiodes*
Perciformes	Serranidae	*Cephalopholis boenack*
Perciformes	Serranidae	*Plectropomus maculatus*
Perciformes	Serranidae	*Diplorion bifasciatum*
Perciformes	Serranidae	*Epinephelus sexfasciatus*
Perciformes	Labridae	*Choerodon schoenleinii*
Perciformes	Labridae	*Cheilinus trilobatus*
Perciformes	Labridae	*Cheilinus chlorourus*
Perciformes	Polynemidae	*Eleutheronema tetradactylus*
Perciformes	Pomacentridae	*Abudefduf bengalensis*
Perciformes	Pomacentridae	*Pomacanthus annularis*
Perciformes	Scaridae	*Scarus ghobban*
Perciformes	Scatophagidae	*Siganus guttatus*
Perciformes	Scombridae	*Scomberoides commersonnianus*
Perciformes	Scombridae	*Scomberoides tala*

Perciformes	Scombridae	*Rastrelliger brachysoma*
Perciformes	Scombridae	*Rastrelliger kanagurta*
Perciformes	Sciaenidae	*Paranibea semiluctuosa*
Perciformes	Sparidae	*Terapon jarbua*
Perciformes	Sparidae	*Dextex tumifrons*
Perciformes	Sphyreanidae	*Sphyraena flavicaudas*
Perciformes	Sphyreanidae	*Sphyraena putnamae*
Perciformes	Sphyreanidae	*Sphyraena forsteri*
Perciformes	Sphyreanidae	*Sphyraena jello*
Perciformes	Siganidae	*Siganus javus*
Perciformes	Siganidae	*Siganus fuscescens*
Perciformes	Siganidae	*Siganus vulpinus*
Perciformes	Siganidae	*Siganus canaliculatus*
Perciformes	Toxotidae	*Toxotes chatareus*
Pleuronectiformes	Cynoglossidae	*Cynoglossus bilineatus*
Pleuronectiformes	Psettodidae	*Psettodes erumei*
Clupeiformes	Clupeidae	*Sardinella melanura*
Carcharhiniformes	Scyliorhinidae	*Atelomycterus marmoratus*
Orectolobiformes	Hemiscyllidae	*Chiloscyllium griseum*
Orectolobiformes	Hemiscyllidae	*Chiloscyllium punctatum*
Orectolobiformes	Brachaeluridae	*Brachaelurus colcloughi*
Myliobatiformes	Dasyatidae	*Taeniura lymma*
Myliobatiformes	Dasyatidae	*Dasyatis ushie*
Chondrichthyes	Myliobatiformes	Dasyatidae	*Pastinachus sephen*
Myliobatiformes	Dasyatidae	*Himantura gerradi*
Myliobatiformes	Dasyatidae	*Dasyatis parvonigra*
Myliobatiformes	Myliobatidae	*Aetobatus narinari*
Rajiformes	Rajidae	*Rhycobatus australiae*
Tetraodontiformes	Balistiidae	*Abalistes stellaris*

Tetraodontiformes	Diodontidae	*Diodon hystix*
Tetraodontiformes	Monocanthidae	*Chaetodermis penicilligerus*
Tetraodontiformes	Monocanthidae	*Monacanthus chinensis*
Tetraodontiformes	Monacanthidae	*Aluterus scriptus*
Tetraodontiformes	Monocanthidae	*Aluterus monocerus*
Tetraodontiformes	Monocanthidae	*Pseudomonacanthus macrurus*
Tetraodontiformes	Ostraciidae	*Ostracion cubicus*
Tetraodontiformes	Ostraciidae	*Ostracion nasus*
Tetraodontiformes	Tetraodontidae	*Lagocephalus suezensis*
Tetraodontiformes	Tetraodontidae	*Arothron immaculatus*
Tetraodontiformes	Tetraodontidae	*Arothron mappa*

Un totale di 5341 individui sono stati registrati che comprende 47 famiglie appartenenti a 75 generi di 108 specie durante il periodo di campionamento (aprile 2019 fino a ottobre 2019) dalle acque costiere Pekan, Pahang da (Tabella 1). Il pesce catturato è stato dominato da Nemipteridae seguito da Lutjanidae e Carangidae famiglia. Queste 47 famiglie sono state classificate sotto la classe di Chondrichthyes e Osteichthyes, che ha giocato un ruolo vitale per fare la composizione delle specie di pesci nelle acque costiere Pekan. La classe Osteichthyes (pesci con le pinne raggiate) è stata osservata come la più grande classe di vertebrati con 50 specie trovate in questo studio. I pesci di questa classe sono stati identificati con i raggi delle pinne e le scaglie sul loro corpo (ganoidi, cicloidi o ctenoidi).

Tra le altre famiglie in questo studio, la famiglia Nemipteridae è stata dominante contribuendo al 36,01% del totale dei pesci catturati nell'area di studio durante la stagione dei monsoni e dei non monsoni con un indice di diversità (H') di 1,376 e 1,115 rispettivamente. La famiglia Nemipteridae consiste di 5 specie: *Pentapodus setosus, Scolopsis monogramma, Nemipterus furcosus, Scolopsis taenioptera* e *Scolopsis affinis.* Questa famiglia, conosciuta anche come orata, è un pesce demersale comune dell'Indo-Pacifico che comprende 3 generi: *Nemipterus, Pentapodus* e *Scolopsis.* Tra tutte le specie della famiglia Nemipteridae, *Nemipterus furcosus* era il dominante tra tutte le 5 specie.

Sulla base dei campioni raccolti, Nemipterus furcosus è considerato la specie dominante a causa della maggiore abbondanza, per cui contribuisce per il 43% al numero di individui catturati nell'area di campionamento. Il numero più alto è stato registrato in ottobre. Anche la seconda specie più alta proviene dalla famiglia Nemipteridae, ovvero *Pentapodus setosus che* contribuisce per il 29%. *Scolopsis monogramma, Scolopsis taenioptera* e *Scolopsis affinis* è stato registrato dal numero complessivo di individui catturati 413, 159 e 66 rispettivamente. *Nemipterus furcosus* e *Scolopsis taenioptera* sono stati catturati nel mese di ottobre con 542 individui e 80 individui, *Scolopsis monogramma,* è stato registrato più alto in agosto, lo stesso di *Scolopsis affinis.*

Tabella 2: variazione stagionale nell'abbondanza percentuale di pesci (%) dall'acqua costiera Pekan, Pahang

Non monsone		Monsoon	
Famiglia	**Abbondanza (%)**	**Famiglie**	**Abbondanza (%)**
Nemipteridae	36.01%	Nemipteridae	48.71%
Lutjanidae	21.85%	Lutjanidae	15.91%
Carangidae	5.73%	Carangidae	11.25%
Serranidae	3.89%	Serranidae	4.45%
Sparidae	3.31%	Haemulidae	3.59%
Siganidae	2.70%	Siganidae	2.52%
Mullidae	2.54%	Monocanthidae	2.38%
Caesionidae	2.25%	Sparidae	1.79%
Dasyatidae	2.25%	Scombridae	1.59%
Haemulidae	1.55%	Tetraodontidae	1.24%
Monocanthidae	1.55%	Caesionidae	1.24%
Rajidae	1.51%	Mullidae	0.90%
Ariidae	1.31%	Ariidae	0.86%
Scaridae	1.19%	Lethrinidae	0.76%
Chirocentridae	1.15%	Holocentridae	0.48%
Tetraodontidae	1.10%	Sphyreanidae	0.48%
Hemiscyllidae	1.06%	Gerreidae	0.35%
Brachaeluridae	0.90%	Scaridae	0.24%
Scombridae	0.90%	Brachaeluridae	0.17%
Sciaenidae	0.86%	Eugraulidae	0.14%
Gerreidae	0.82%	Ostraciidae	0.14%
Holocentridae	0.82%	Balistiidae	0.10%
Scatophagidae	0.74%	Chaetodontidae	0.10%
Sphyreanidae	0.74%	Cyglossidae	0.07%
Lethrinidae	0.41%	Drepaneidae	0.07%
Drepaneidae	0.37%	Ephippidae	0.07%

Chaetodontidae	0.33%	Batrachoididae	0.03%
Toxotidae	0.33%	Chirocentridae	0.03%
Polynemidae	0.49%	Dasyatidae	0.03%
Ostraciidae	0.29%	Hemiscyllidae	0.10%
Labridae	0.20%	Lactariidae	0.10%
Scyliorhinidae	0.20%	Labridae	0.03%
Pomacentridae	0.08%	Pomacentridae	0.03%
Mugilidae	0.08%		
Ephippidae	0.08%		
Eugraulidae	0.08%		
Rachycentridae	0.08%		
Clupeidae	0.04%		
Diodontidae	0.04%		
Myliobatidae	0.04%		
Pomacanthidae	0.04%		
Psettodidae	0.04%		
Plotosidae	0.04%		

La famiglia Nemipteridae è un pesce di fondo che vive nel fango e nei fondi di sabbia nelle acque costiere inshore così come nelle acque di piattaforma offshore. I caratteri di questa famiglia sono pesci sparoidi da allungati a moderatamente profondi, compressi, di piccole e medie dimensioni. In *Nemipterus* e *Pentapodus,* la bocca è terminale, da piccola a moderata; moderatamente sporgente; denti nelle mascelle conici, canini allargati presenti. Il colore del corpo sembra essere estremamente emergente, spesso rosato o rossastro con marcature rosse, gialle o blu. I pescatori catturano spesso queste orate filiformi poiché hanno una grande richiesta sul mercato.

La famiglia Lutjanidae è stata la seconda famiglia più catturata in quest'area di studio, contribuendo con il 21,85% di tutti i pesci catturati durante la stagione non-monsonica. La famiglia Lutjanidae dell'area di campionamento era composta da *Lutjanus vitta, Lutjanus ruselli* e *Lutjanus lutjanus. Le* percentuali di specie appartenenti a questa famiglia sono: *Lutjanus vitta*: 38%, *Lutjanus ruselli*: 1%, *Lutjanus lutjanus*: 61% (Tabella 2).

Tabella 3: La diversità e l'indice di dominanza dei pesci identificati dalle località di campionamento.

Variazioni stagionali	Numero totale di specie trovate	H'	1-D	BP
Non-monson	92	3.284	0.9326	0.1335
Monsoon	67	2.766	0.8798	0.2751

Il valore dell'indice di diversità Shannon Weaver (H'), l'indice Simpson e l'indice Berger Parker sono stati calcolati secondo le variazioni stagionali. Dopo aver calcolato tutti i campioni (108), il valore totale H' è stato trovato 3,288 durante la stagione senza monsoni e 2,766 durante la stagione dei monsoni. Non c'è una differenza significativa (p>0,05) tra i due monsoni. Durante la stagione non monsonica, il più alto indice di diversità di Shannon (2,978) è stato trovato in giugno e il più basso (2,466) è stato trovato in maggio. Nel frattempo, il più alto indice di diversità di Shannon (2.884) è stato trovato in settembre e il più basso (2.244) è stato trovato in ottobre durante la stagione dei monsoni. L'indice di diversità Simpson (1/D) era più alto (0,9327) durante la stagione senza monsoni rispetto alla stagione senza monsoni (0,8798). L'indice di dominanza di Berger Parker (a/d) ha mostrato che la dominanza delle specie era più alta durante la stagione dei monsoni con 0,2751 rispetto alla stagione non monsonica (0,1334) (Tabella 3)

DISCUSSIONE

Il declino dei pesci si è verificato comunemente a causa di diversi fattori come lo sfruttamento eccessivo delle specie, l'introduzione di specie invasive, l'inquinamento urbano, industriale e la perdita di habitat della biodiversità acquatica sia in acqua dolce che in ambienti marini. Di conseguenza, le preziose risorse acquatiche stanno diventando sempre più soggette a cambiamenti ambientali sia naturali che artificiali. Quindi, una strategia di conservazione per proteggere e conservare la vita acquatica è necessaria per mantenere l'equilibrio della natura e sostenere la disponibilità di risorse per le generazioni future (Ahmad Azfar, 2009). Il Mar Cinese Meridionale si trova nella zona tropicale dell'Oceano Pacifico occidentale, al largo dell'angolo sud-est del continente asiatico, ed è noto sia per la sua alta produttività che per la ricca diversità di piante e animali. In questo studio, sono stati registrati un totale di 5341 individui che compongono 47 famiglie e 108 specie dalle acque costiere di Pekan, Pahang, di cui 2444 individui registrati durante la stagione non monsonica e 2897 individui durante la stagione monsonica.

Studi simili sono stati condotti da altri ricercatori nel Mar Cinese Meridionale. Randall e Lim (2000) hanno elencato almeno 3.365 specie di pesci marini del Mar Cinese Meridionale. Mohsin e Ambak (1996) hanno riportato 710 specie di pesci marini dalle acque malesi e dai mari adiacenti. Adrim et al. (2004) hanno registrato 430 specie di pesci marini dalle isole Anambas e Natuna sulla piattaforma di Sunda tra la penisola malese e il Borneo nel Mar Cinese Meridionale. Più recentemente, Ambak et al. (2010) hanno stimato 2.243 specie di pesci presenti nelle acque malesi e il 26% delle oltre 441 specie di pesci registrate da Matsunuma et al. (2011) nelle acque di Terengganu.

Le indagini sul campo dei pesci a Terengganu nel 2008-2009 hanno registrato 441 specie di pesci marini ed estuarini di 108 famiglie che costituiscono circa il 13% delle oltre 3.365 specie di pesci registrate da Randall e Lim (2000) dal Mare di Southchina. La morfologia, l'ecologia, la distribuzione, gli esemplari con foto e la letteratura dei pesci (300 famiglie con 3086 specie) che si trovano principalmente nel Mare di Southchina sono stati raccolti dal *Fish Database di Taiwan* (Shao 2011).

Secondo Wang et al. (2012), c'erano 95 specie in 86 generi di 69 famiglie sono state identificate utilizzando il DNA Barcoding da due regioni del Mar Cinese Meridionale; Isole Spratly e Golfo Beibu. Inoltre, Adrim et al. (2004) hanno registrato 430 specie di pesci marini dalle isole Anambas e Natuna sulla piattaforma di Sunda tra la penisola malese e il Borneo nel Mar Cinese meridionale. Mohsin e Ambak (1996) hanno riportato 710 specie di pesci marini dalle acque malesi e dai mari adiacenti.

In base all'indice Shannon-Weaver, la stagione non monsonica è più varia rispetto alla stagione monsonica. Tuttavia, non c'è una differenza significativa tra le due stagioni. Inoltre, l'indice di diversità Simpson (1/d) ha mostrato che la stagione non monsonica è più diversificata di quella monsonica. Secondo Alonso et al., (2017), il ciclo monsonico annuale è una forza naturale importante che influenza gli organismi marini nelle regioni tropicali. Uno studio è stato condotto da (Al, 2007) ha riportato che la temperatura influenza significativamente la dispersione larvale marina a causa del tasso di processi biochimici negli organismi controllati dalla temperatura. Di conseguenza, i processi a livello di popolazione, specie e comunità sono stati influenzati. Con la fluttuazione della temperatura, il numero e la diversità delle specie adulte stanno cambiando nell'ambiente marino come le larve

tempo di sviluppo sta cambiando. Era evidente che i valori dei parametri di qualità dell'acqua o l'effetto della crescente pressione di pesca sarebbero responsabili delle differenze nella diversità delle specie nei vari habitat del mare (Komsari et al, 2015; Jalal, et al, 2012 a, b). I nostri dati sulla qualità dell'acqua del Dipartimento Meteorologico lungo la costa di Pekan hanno mostrato che non ci sono state grandi fluttuazioni nei parametri fisici (dati di temperatura e precipitazioni) durante il periodo di studio. Forse la quantità di precipitazioni con la gamma esistente di temperatura potrebbe essere due fattori principali nell'innescare i pesci catturati per iniziare le attività di deposizione delle uova e aumentare l'abbondanza di tre famiglie (Nemipteridae seguita da Lutjanidae e Carangidae) nella zona di campionamento.

In questo studio, la famiglia Shannon-Weaver Nemipteridae ha registrato il più alto indice Shannon-Weaver nella stagione dei monsoni rispetto alla stagione senza monsoni. Quest'area potrebbe essere una zona di deposizione delle uova, come è stato riportato dai pescatori quando hanno osservato pesci, uova e avannotti intorno all'area di studio. Inoltre, i pesci appartenenti a questa famiglia possono muoversi principalmente in forma di scuola per nutrirsi principalmente di altri piccoli pesci, cefalopodi, crostacei e policheti. Infatti, la più alta cattura di questa famiglia potrebbe anche essere dovuta all'alta domanda del mercato in quanto si tratta di pesca commerciale e artigianale. Allo stesso modo, le famiglie trovate in questa zona sono Lutjanidae, Caesionidae, Lethrinidae e Haemulidae. È stato osservato che le diverse specie hanno tempi di deposizione delle uova e habitat diversi.

Pertanto, i secondi più alti individui catturati durante il periodo di campionamento sono Lutjanidae. Questa famiglia è conosciuta anche come dentici e contiene più di 100 specie di pesci tropicali e subtropicali. L'indice di Shannon-Weaver di questo pesce è risultato più alto nella stagione dei monsoni rispetto alla stagione dei non monsoni. Secondo la Comunità del Pacifico, questa famiglia si riproduce comunemente durante gli anni in acque più calde, ma, durante i mesi più caldi, si spostano in acque più fresche in particolare lungo i reef esterni e i canali per riprodursi. Secondo Al (2007), la distanza percorsa dalle larve varia con la temperatura dell'oceano. Si è scoperto che le larve della stessa specie viaggiano di più in acque più fredde rispetto a quelle più calde. Gli avannotti di pesce in acque fredde si sviluppano più lentamente e vanno alla deriva prima di iniziare la loro prossima fase di sviluppo a causa del metabolismo lento causato dalle basse temperature. Le uova fecondate nella maggior parte dei dentici di barriera che vanno alla deriva con le correnti per circa un mese si schiudono in piccole forme. Dopo 3 a 8 anni, i giovani diventano adulti maturi ed esposti a zone di acqua costiera aperta. Così, sono facilmente catturabili in quanto si riuniscono in grandi gruppi per riprodursi che era evidente durante il nostro periodo di studio lungo le zone di pesca dell'acqua costiera Pekan.

La terza famiglia altamente diversificata registrata per questo studio è stata Carangidae che ha contribuito con il 5,73% durante la stagione non monsonica e l'11,25% durante la stagione monsonica. L'habitat favorevole di questa famiglia è l'acqua costiera nelle acque tropicali e temperate di tutto il mondo. La maggior parte delle specie si muovono in banchi ad eccezione di *Alectis*; alcune specie sono ampiamente distribuite e i giovani di solito si trovano in ambienti salmastri, altre (*Elagatis* e *Naucrates*) sono pesci pelagici che si trovano comunemente in superficie o vicino alla superficie in acque oceaniche. Tra queste famiglie, sono state identificate diverse specie: *Selaroides leptolepis, Selar boops, Atule mate, Tranchinotus blochii, Alectis indicus, Alectis ciliaris, Carangoides malabaricus* e *Megalaspis cordyla. Atule mate* è il più alto individuo catturato sia dal monsone che dal non monsone. Secondo Mundy (2005), gli adulti possono essere trovati in aree di mangrovie e baie costiere in acque pelagiche. Inoltre, una forma di scuola può essere registrata in acque costiere (Smith-Vaniz., 1999). La loro alimentazione si basa principalmente su crostacei e vertebrati planctonici come i copepodi (Allen

16

et al., 2012; Fischer et al., 1990).

CONCLUSIONE

Un totale di 5341 individui comprendente 75 generi, 47 famiglie e 108 specie è stato registrato nelle acque costiere di Pekan, Pahang, Malaysia. I pesci catturati erano dominati da Nemipteridae seguiti da Lutjanidae e la famiglia Carangidae era altamente diversificata nell'area di studio. La presenza di avannotti di diverse dimensioni nella rete da pesca ha indicato che la zona di deposizione delle uova delle specie di queste tre (3) famiglie potrebbe essere situata lungo le acque costiere di Pekan. Nel complesso, l'alta diversità delle specie nell'area di campionamento potrebbe suggerire che ci

potrebbero essere molte specie di successo e un ecosistema più stabile. Inoltre, una complessa rete alimentare e i cambiamenti ambientali hanno meno probabilità di essere dannosi per l'ecosistema nelle vicinanze delle acque costiere di Pekan.

Tuttavia, le attività di pesca lungo le acque costiere devono essere controllate in modo discriminante per lo sviluppo sostenibile di queste preziose specie commerciali in queste affascinanti acque costiere di Pekan, Pahang, Malesia. I programmi di monitoraggio della pesca dovrebbero prevedere un campionamento periodico utilizzando tecniche come la pesca sperimentale e l'indagine aerea dei pescatori al fine di determinare la diversità delle specie e la socioeconomia della comunità ittica. Le informazioni ottenute potrebbero poi essere utilizzate per determinare lo stato di salute delle acque costiere, degli estuari e del sistema fluviale, nonché per avviare programmi di gestione e conservazione adeguati lungo il Mar Cinese Meridionale.

RIFERIMENTI

Adrim, M., I.-S. Chen, Z.-P. Chen, K. K. P. Lim, H. H. Tan, Y. Yusof, e Z. Jaafar. (2004). Pesci marini registrati dalle isole Anambas e Natuna, Mar Cinese Meridionale. Raffles Bull. Zool. Suppl., (11): 117-130.

Ahmad Azfar, M. (2009) Diversità e distribuzione dei pesci nell'estuario di Pahang, Malesia. Tesi di laurea. 196 pp.

Al, M. I. O. et. (2007). How do Changes in Ocean Temperature affect Marine Ecosystems?, (52), 2007-2007. Da http://ec.europa.eu/environment/integration/research/newsalert/pdf/52na2.pdf

Allen, G.R. e M.V. Erdmann, 2012. Pesci di barriera delle Indie Orientali. Perth, Australia: University of Hawai'i Press, Volumi I-III. Tropical Reef Research.

Alonso Aller, E., Jiddawi, N. S., & Eklöf, J. S. (2017). Le aree marine protette aumentano la stabilità temporale della struttura della comunità, ma non la densità o la diversità, delle comunità di pesci tropicali seagrass. PLoS ONE, 12(8), 1-23. https://doi.org/10.1371/journal.pone.0183999

Ambak, M.A., Mansor, M.I., Zaidi, M.Z. e Mazlan, A. G (2010). Pesci in Malesia. 315 pp.

Azid, A., Noraini, C., Hasnam, C., Juahir, H., Amran, M.A., Toriman, M.E. & Kamarudin, A. 2015. Misura dell'erosione costiera lungo Tanjung Lumpur a Cherok Paloh, Pahang durante la stagione del monsone di nord-est. Journal Teknologi 1: 27-34.

Caruso, T., Pigino, G., Bernini, F., Bargagli, R., & Migliorini, M. (2007). L'indice di Berger- Parker come strumento efficace per il monitoraggio della biodiversità dei suoli disturbati: un caso di studio sugli assemblaggi di oribatidi mediterranei (Acari: Oribatida). Biodiversità e Conservazione, 16(12), 3277-3285.

Chong, V. C., Jamizan, A. R., Yazid, Z., Rizman, I., Ali, S. H. & Natin, P. (2010). Diversità e abbondanza di pesci e invertebrati di estuario Semerak e acque costiere adiacenti, Kelantan. Malaysian Journal of Science 29, 91-106.

Dipartimento della pesca (2015) Piano d'azione nazionale per la gestione della capacità di pesca in Malesia (Piano 2). 50 pp.

Fazly Amri Mohd, Khairul Nizam Abdul Maulud, Rawshan Ara Begum, Siti Norsakinah Selamat, & Othman A.Karim. (2018). Impatto dei cambiamenti della linea di riva nella zona costiera di Pahang utilizzando la tecnologia geospaziale. Sains Malaysiana, 47(5), 991-997.

Fischer, W., I. Sousa, C. Silva, A. de Freitas, J.M. Poutiers, W. Schneider, T.C. Borges, J.P. Feral e A. Massinga, 1990. Schede FAO di identificazione delle specie per le attività di pesca. Guida di campo delle specie commerciali marine e d'acqua salmastra del Mozambico. Pubblicazione preparata in collaborazione con l'Instituto de Investigaçao Pesquiera de Moçambique, con il finanziamento di UNDP/FAO Project MOZ/86/030 e NORAD. Roma, FAO. 1990. 424 p.

Jalal, K.C.A, Kamaruzzaman, Y. Arshad A., Arafatur, R., Rahman, M. F. (2012 a). Diversità e distribuzione dei pesci in estuario tropicale Kuantan, Pahang, Malesia. Pakistan Journal of Biological Sciences, 15 (12), pp. 576-582.

Jalal, K.C.A, M. Ahmad Azfar, B. Akbar John, Y.B. Kamaruzzaman e S. Shahbudin. (2012 b). Diversità e composizione della comunità di pesci in estuario tropicale Pahang Malesia. Pakistan Journal of Zoology. 44(1), 181-187.

Komsari, M.S., Barni, A., Khara, H. (2015) Crescita e popolazione sulla struttura della Perca europea *Percafluviatilis Linnaeus*, 1758 (Osteichthyes: Percidae) nella zona umida Anzali sud-ovest del Mar Caspio. Ind, J. Fish. 62(1):6-11.

Mansor, M.I., Kohno, H., Ida, H., Nakamura, H. T., Aznan, Z. & Abdullah, S. (eds.), (1998). Guida al campo di importanti pesci marini commerciali del Mar Cinese Meridionale. SEAFDEC/MFRDMD/SP/2.

Matsunuma, M., Motomura, H., Matsuura, K., Shazili, N. A. M., & Ambak, M. A. (2011). *Pesci di Terengganu costa orientale della penisola malese, Malesia. Museo Nazionale della Natura e della Scienza.* Recuperato da http://www.museum.kagoshima-u.ac.jp/staff/motomura/TFG_lowres.pdf

MMD. (2011). Malaysian Meteorologica l Department rassegna mensile precipitazioni. (2011). Da: http://www.met.gov.my/?lang=en

Mohsin, A. K. M. e M. A. Ambak. 1996. Pesci marini e la pesca della Malesia e dei paesi vicini. Universiti Pertanian Press, Serdang, iv + xxxvi + 744 pp.

Mundy B.C., (2005). Lista di controllo dei pesci dell'arcipelago hawaiano. Bishop Mus. Bull. Zool. (6):1- 704

Randall J.E., Lim KKP, Alien GR, Amaoka K, Anderson WD, Jr, Bellwood DR, Bohlke EB, Bradbury MG, Carpenter KE, Caruso JH, Cohen AC, Cohen DM. (2000). Una lista di controllo dei pesci del Mar Cinese Meridionale. Raffles Bull Zool supplemento: 569–667.

Shannon, C. E., e Weaver, W., 1949. *La teoria matematica della comunicazione.*

Shao K.T., (2011). Il database dei pesci di Taiwan. WWW Web pubblicazione elettronica. versione 2009/1. Simpson, E. H. (1949). Misura della diversità. *Natura 163*, 688

Smith-Vaniz, W.F., 1999. Carangidi. Martinetti e carangidi (anche trevalli, pesci regina, corridori, ricciole, pesci pilota, pampani, ecc.). p. 2659-2756. In K.E. Carpenter e V.H. Niem (eds.) Guida FAO di identificazione delle specie per la pesca. Le risorse marine viventi del Pacifico centrale occidentale. Vol. 4. Pesci ossei parte 2 (da Mugilidae a Carangidae). Roma, FAO. 2069-2790 p.

Tobergte, D.R. & Curtis, S. 2013. Regione della costa orientale della Malesia. *Journal of Chemical Urbana*: University of Illinois Press.

Wang, Z. D., Guo, Y. S., Liu, X. M., Fan, Y. B., & Liu, C. W. (2012). DNA barcoding pesci del Mar Cinese Meridionale. *Mitochondrial DNA, 23*(5), 405-410. https://doi.org/10.3109/19401736.2012.710204

Studio del test di attività della glucosio-6-fosfato deidrogenasi in Streptomyces della mangrovia per la produzione di Actinohordin e Undercylprodigiosin

Azizan, N.H. *1, Zainal Abidin, Z.A. [1], Sharif, M.F. [1] e Mohd Maizam, A.F. [1]

[1]*Dipartimento* di Biotecnologia, Kulliyyah of Science, International Islamic University Malaysia, Jalan Sultan Ahmad Shah, Bandar Indera Mahkota, 25200, Kuantan, Pahang, Malaysia.
Autore corrispondente:fizahazizan@iium.edu.my

ABSTRACT
Questo studio valuta il potenziale dell'uso del saggio di attività della glucosio-6-fosfato deidrogenasi per la produzione di Actinohordin e Undecylprodigiosin da Streptomyces della mangrovia. In precedenza, c'erano diversi metodi utilizzati per lo screening delle attività antimicrobiche come il test di agar spot e il test di diffusione del disco, ma questi sono metodi di screening lunghi e richiedono tempo. Così, per superare le limitazioni basate su piastre è stato suggerito di consentire uno screening rapido sulla produzione di metaboliti secondari di numerosi campioni in una sola volta. Lo sviluppo del saggio basato su piastra è stato eseguito ottimizzando il saggio di attività di glucosio-6-fosfato deidrogenasi. Questo saggio accoppiato si è basato sulla produzione di diidronicotinamide-adenina-dinucleotide fosfato (NADPH) per cui una giusta combinazione di nicotinamide-adenina-dinucleotide fosfato (NADP) e glucosio-6-fosfato (G6P) è stata perfezionata. La produzione di NADPH è stata misurata all'assorbanza di 340 nm dove il cofattore ridotto NADPH viene assorbito facilmente a questa lunghezza d'onda. Il campione con diverse concentrazioni di lisato grezzo è stato sottoposto a varie concentrazioni di substrati per ottenere la migliore curva di attività. Anche se chiarire i modelli chiari è speculativo, si ritiene che alcuni miglioramenti o ottimizzazioni di questo studio potrebbero offrire conoscenze promettenti che possono servire come utile riferimento in futuro.

Parole chiave: *Actinohordin, Dihydronicotinamide-Adenine Dinucleotide Phosphate, Nicotinamide Adenine Dinucleotide e Undecylprodigiosin.*

INTRODUZIONE

Gli attinomiceti sono batteri filamentosi gram-positivi che producono ipe aeree e si differenziano in catene di spore (Kämpfer, 2015; Barka *et. al.* , 2016). Possono essere trovati nel suolo, nell'acqua dolce e negli ambienti marini. Hanno prodotto vari composti utili noti come metaboliti secondari con importanti applicazioni come gli antibiotici tetraciclina, eritromicina, vancomicina e streptomicina (Weber *et al,* 2015). Durante gli ultimi trent'anni, i ricercatori hanno mostrato un crescente interesse verso i batteri produttori di antibiotici in quanto danno molti benefici nella medicina umana così come nella produzione commerciale.

In precedenza, le attività antimicrobiche dei metaboliti secondari sono state valutate coprendo una piastra di isolamento con un organismo indicatore o un test di agar-spot dove è stato utilizzato per rilevare l'attività antagonista tra i batteri (Kun, 2003). Tuttavia, questi metodi hanno delle grosse limitazioni per cui potrebbe verificarsi una potenziale contaminazione delle colonie selezionate con gli organismi indicatori. Inoltre, sono metodi di screening lunghi in quanto solo un organismo indicatore può essere applicato ad ogni piastra di isolamento alla volta. Oltre a questo, l'HPLC è anche una delle opzioni dei metodi di screening, ma richiede tempo (Ethiraj *et al.,* 2011).

Tuttavia, i metaboliti secondari sono tipicamente prodotti in una quantità molto bassa in natura. Così, molte ricerche sono state fatte in precedenza per studiare la rete metabolica del metabolismo centrale del carbonio, i precursori e i cofattori richiesti nella sintesi dei metaboliti secondari per migliorare la resa del prodotto (Fan *et al.*, 2016). Si è trovato che le quantità di precursori per la produzione di metaboliti secondari richiesti dal metabolismo primario diventa gradualmente limitato come la resa del prodotto aumenta. Pertanto, è necessario

fornire un numero adeguato di precursori che è generalmente fornito dal catabolismo dei substrati di carbonio per ottenere un alto rendimento di metaboliti secondari.

Così, per ottimizzare il saggio enzimatico, è stato progettato uno studio per indurre la produzione di due composti metabolici secondari, actinohordin (ACT) e undecylprodigiosin (RED) puntando al percorso del pentoso fosfato (PPP) di *Streptomyces*. Questo viene eseguito promuovendo la conversione del primo enzima del percorso, che è la glucosio-6-fosfato deidrogenasi (G6PDH) trovando la migliore combinazione di rapporto dei suoi substrati; glucosio-6-fosfato (G6P) e nicotinamide adenina dinucleotide (NAD). Questo per garantire che gli enzimi G6PDH siano forniti con quantità adeguate di substrato per massimizzare la produzione di NADPH prima di catalizzare la seconda via metabolica che, di concerto, aumenterà la produzione di antibiotici come suggerito da Gunarson *et al.* Essenzialmente, il NADPH è l'agente riducente utilizzato nel processo di produzione dei metaboliti secondari.

ACTINOMYCETES
Il nome actinomiceti deriva dalla parola greca "aktis" che significa raggio e "mykes" che si riferisce al fungo. Questo nome è stato dato guardando la loro morfologia dove possiedono caratteristiche sia dei batteri che dei funghi (Das *et al.*, 2008), ma tuttavia, sono classificati nel regno dei batteri (Madigan *et al.*, 2009). Contengono un DNA ricco di G+C a circa il 57-75% (Lo *et al.*, 2002) che sono filogeneticamente correlati da prove di catalogazione ribosomica 16s e studi di accoppiamento DNA: rRNA di Goodfellow & Williams (1983). Sono caratterizzati da un ciclo di vita complesso, come descritto dal phylum Actinobacteria, che rappresenta una delle più grandi unità tassonomiche tra i 18 principali lignaggi attualmente riconosciuti all'interno del Dominio Bacteria (Ventura *et al.*, 2007).

Gli attinomiceti si trovano comunemente negli ecosistemi terrestri e acquatici, principalmente nel suolo. Svolgono un ruolo importante nel riciclaggio di biomateriali refrattari decomponendo miscele complesse di polimeri in piante morte, animali e materiali fungini con conseguente produzione di molti enzimi extracellulari che sono conduttivi per la produzione di colture (Chaudhary *et al.*, 2013). Inoltre, gli attinomiceti danno anche importanti effetti nel buffering biologico dei suoli, nel controllo biologico degli ambienti attraverso la fissazione dell'azoto e la degradazione di composti ad alto peso molecolare come gli idrocarburi nel suolo inquinato. Pertanto, questi microrganismi svolgono ruoli vitali nel mantenimento dei nostri ecosistemi.

Soprattutto, gli attinomiceti sono batteri preziosi che sono comunemente noti per la loro capacità di produrre metaboliti secondari. Berdy (2005) ha riferito che 10000 dei 23000 metaboliti secondari bioattivi prodotti dai microrganismi provengono da batteri attinomiceti, che rappresentano il 45% di tutti i microbi bioattivi scoperti. Tra i vari generi di attinomiceti, i maggiori produttori di composti commercialmente bioattivi sono *Streptomyces, Saccharopolyspora, Amycolatopsis, Micromonospora* e *Actinoplanes* (Solanki *et al.*, 2008).

Streptomycetes coelicolor A3 (2)
Le specie di streptomiceti sono batteri aerobi e gram-positivi che mostrano una crescita filamentosa da una singola spora. Una rete di filamenti ramificati chiamata come micelio di substrato si forma quando i loro filamenti crescono attraverso l'estensione della punta e la ramificazione (Dyson, 2011). Sono ampiamente riconosciuti in quanto sono i maggiori produttori e hanno prodotto un totale di 7600 composti (Berdy, 2005). Di conseguenza, gli *streptomiceti* sono diventati i principali attinomiceti produttori di antibiotici sfruttati dall'industria farmaceutica.

Streptomyces coelicolor A 3(2), è il ceppo più noto di produttore di metaboliti secondari degli streptomiceti. Secondo Zhu *et al.*, (2014), molti metaboliti secondari sono stati scoperti da questo ceppo come actinohodin (ACT), undecylprodigiosin (RED), antibiotico calcio-dipendente (Cda), e il plasmide-encoded methylenomycin (Mmy). Inoltre, la sequenza del genoma di *S. coelicolor ha* ancora rivelato molti cluster di geni biosintetici non identificati in precedenza, compreso uno per un probabile antibiotico chiamato polichetide criptico (Cpk) anche dopo 50 anni di ricerca su di esso. Uno studio di sequenza sui cluster di geni antibiotici e il

Il genoma completo di *S. coelicolor* ha rivelato che tali microrganismi sono probabilmente in grado di produrre un maggior numero di metaboliti secondari (Higginbotham & Murphy, 2010).

ACTINORHODIN (ACT) E UNDECYLPRODIGIOSIN (ROSSO)

S. coelicolor sintetizza due pigmenti chimicamente distinti che sono generalmente considerati come metaboliti secondari: l'actinorhodin (ACT), un indicatore di pH rosso-blu diffusibile e l'undecilprodigiosina (RED), un composto rosso associato alla parete cellulare (Rudd & Hopwood, 1980). Negli ultimi trent'anni, i ricercatori hanno mostrato un crescente interesse per i composti RED a causa delle loro proprietà immunosoppressive e anticancro, oltre alle attività antimicrobiche. Nel frattempo, i composti ACT mostrano un'attività antibatterica contro le cellule gram-positive (Mak, Xu & Nodwell, 2014)

L'actinorodina è un polichetoide aromatico sintetizzato da enzimi codificati in un cluster genico di 22 kb. Il cluster genico responsabile della produzione di actinorodina contiene gli enzimi biosintetici e i geni responsabili dell'esportazione dell'antibiotico. Il cluster biosintetico dell'actinorhodina codifica anche un attivatore specifico del percorso (actII-orf4) che attiva i geni biosintetici. Questo gene attivatore è a sua volta soggetto all'azione di regolatori globali che possono attivare o reprimere la sua espressione (Craney, Ahmed & Nodwell, 2013). Inoltre, la loro produzione avviene tramite una polichetide sintasi di tipo II (PKS). La formazione dell'actinorodina è iniziata in quanto la spina dorsale di carbonio è prodotta interamente dai precursori degli acidi grassi, acetil-CoA e malonil-CoA nel metabolismo primario.

Nel frattempo, l'undecilprodigiosina è un antibiotico pigmentato di rosso, associato alla parete cellulare, che appartiene a un gruppo di composti bioattivi polipirrolici chiamati prodiginine (Luti & Yonis, 2014) che è diretto da un cluster gran30 kb. Due attivatori trascrizionali specifici del percorso coinvolti nell'attivazione del gene della prodiginina sono RedZ e RedD. Nel percorso, RedZ funziona come attivatore diretto di RedD che poi agisce sui geni biosintetici (Craney, Ahmed & Nodwell, 2013).

Uno studio è stato condotto con lo scopo di determinare la relazione tra la produzione di metaboliti secondari e la composizione dei mezzi di crescita. Come risultato, mostra che Act ha prodotto principalmente nella fase stazionaria delle culture batch coltivate con glucosio e nitrato di sodio come fonti di carbonio e azoto. Nel frattempo, Red si è accumulato durante la fase esponenziale. La produzione di entrambi i pigmenti era sensibile ai livelli di ammonio e fosfato nel mezzo (Hobbs *et al.*, 1990).

Inoltre, diversi studi sono stati fatti sulla delezione della regione codificante del gene ppGpp sintetasi, relA in *Streptomyces celicolor* A3 (2) corrispondono alla produzione di antibiotici. Hanno notato che c'è una correlazione tra il gene ppGpp sintetasi, relA e l'inizio della produzione di undecilprodigiosina (Red) e actinorhodin (Act), portando al suggerimento che ppGpp gioca un ruolo centrale nell'innescare la sintesi antibiotica (Chakraburtty *et al.*, 1996).

Studi di colture in batch, alcune delle quali sono state sottoposte a inedia di aminoacidi, hanno indicato una correlazione tra la sintesi di ppGpp e la trascrizione tra i geni regolatori specifici del pathway per

Red e Act (i due antibiotici pigmentati prodotti dal ceppo). Il mutante relA null è cresciuto alla stessa velocità dei ceppi parentali con conseguente esaurimento della produzione sia di Act che di Red in condizioni di limitazione di azoto, ma sembrava produrre normalmente in altre condizioni (Chakraburtty, R., & Bibb, M. 1997). Questo indica che l'actinorodina e l'undecilprodigiosina non possono essere prodotte a causa del gene ppGpp sintetasi, relA non può lavorare al meglio sotto la fame di aminoacidi.

TEST DEL GLUCOSIO-6-FOSFATO DEIDROGENASI (G6PDH)
In precedenza, molte ricerche avevano dimostrato che la produzione di metaboliti secondari dipende dai precursori del metabolismo primario. Per esempio, nel 2012, uno studio è stato condotto da Wentzel *et al*, per trovare la relazione tra i flussi di carbonio verso la formazione di biomassa e la produzione di antibiotici cambiando le fonti di carbonio e azoto o variando i volumi iniziali di semina delle cellule nei mezzi di coltivazione

(Cheng *et al.*, 2013). Entrambi gli studi hanno rivelato che la reazione relativa alla via degli aminoacidi ha aiutato a concentrare i flussi verso la biosintesi di vari precursori necessari per sintetizzare i metaboliti secondari.

In seguito a ciò, lo studio recente è stato condotto prendendo di mira le vie del pentoso fosfato per migliorare la produzione di metaboliti secondari (Actinorhodin e Undecylprodigiosin). Come menzionato da Fan *et al.* (2016), la via del pentoso fosfato gioca un ruolo importante nella produzione di metaboliti secondari ed è considerata come fonte di precursori.

G6PDH + G6P + NAD ❷   6-fosfo-D-glucono-1,5-lattone + NADPH

Questo viene eseguito massimizzando la conversione del primo enzima del percorso, il glucosio-6-fosfato deidrogenasi (G6PDH) fornendo un numero adeguato di substrati che sono il glucosio-6-fosfato (G6P) e la nicotinamide adenina dinucleotide (NAD) per migliorare la produzione di NADPH. Come suggerito da Gunarson, Eliasson & Nielsen (2004), il NADPH gioca un ruolo importante nella valorizzazione dei metaboliti secondari. Il NADPH è l'agente riducente usato nel processo di produzione dei metaboliti secondari, e la via del pentoso fosfato è una delle più importanti vie di produzione del NADPH. Il primo enzima della via, il glucosio-6-fosfato deidrogenasi (G6PDH) è generalmente considerato come un produttore esclusivo di NADPH.

MATERIALI E METODI
CEPPI BATTERICI
Streptomyces sp. K2-11 sono stati presi da collezioni di laboratorio (Research Lab 3, Kulliyyah Science, IIUM Kuantan) che sono stati isolati da sedimenti di mangrovie di Tanjung, Lumpur, Kuantan, Pahang.
.

PREPARAZIONE DEI MEDIA
Mezzo SMMS a limitazione di azoto
In acqua distillata sono stati sciolti 2 g di casaminoacidi Difco, tampone TES (5.68Gl-1) e Bacto agar. Poi il pH è stato regolato a 7,2 usando 10 M NaOH prima dell'autoclavaggio. I media con i seguenti ingredienti sono stati aggiunti con quantità specifiche: NaH2PO4 + K2H2PO4 (50 Mm ciascuno, 10 mL per litro di cultura), MgSO4.7H2O (1 M, 5 mL per litro di cultura), glucosio (50% w.v, 18 mL per litro di cultura). I microelementi che contengono o.1 gL-1 ciascuno di ZnSO4.7H2O, FeSO4.7H2O, MnCl2.4H2O, CaCl2.6H2O e NaCl. La soluzione è stata conservata a 4°C in frigorifero.

COLTIVAZIONE di *attinomiceti*

Tutti i ceppi batterici sono stati coltivati su un terreno SMMS con limitazione di azoto. I campioni sono stati incubati a 28°C, agitati a 120 rpm per quattordici giorni.

TEST DEL GLUCOSIO-6-FOSFATO DEIDROGENASI
Preparazione degli estratti
Il metodo è stato eseguito secondo il protocollo di Borodina *et al.* (2008). Le cellule utilizzate per i saggi di attività sono state raccolte dopo 67 ore di crescita in 200 ml di terreno definito in un pallone da 1 litro dotato di una spirale di acciaio inossidabile. Le cellule sono state raccolte per centrifugazione e risospese in un tampone contenente 50 mM TES, pH 7.2, 5 mM MgCl2, 5 mM 2-mercaptoetanolo, 50 mM $(NH4)_{2SO4}$, e 0,1 mM fenilmetilsulfonil fluoruro (buffer A). Il lisozima (aggiungere nella concentrazione) è stato usato per rompere le cellule.

Saggio di attività G6PDH

I saggi di glucosio-6-fosfato deidrogenasi (G6PDH, EC 1.1.1.49) sono basati sulla produzione di NADPH e sono stati eseguiti secondo il protocollo di Lessie e Wyk, (1972) e modificato da Butler *et al.* Sia il consumo di NADH che la produzione di NADPH sono stati misurati spettrofotometricamente a 340 nm. I lisati grezzi sono stati applicati al saggio di attività della G6PDH utilizzando substrati forniti (G6P e NAD). Il test è stato eseguito in una piastra a 96 pozzetti per due minuti, consentendo l'analisi simultanea di un gran numero di campioni.

G6PDH + G6P + NADP ⟶ 6-fosfo-D-glucono-1,5-lattone + NADPH

RISULTATI E DISCUSSIONE
PREPARAZIONE DEGLI ESTRATTI
Cinque generi di attinomiceti che sono *Streptomyces, Micromonospora, Nocardia, Nocardiopsis* e *Rhodococcus* sono stati presi da collezioni di laboratorio. Questi microbi sono stati identificati e conosciuti per produrre attività antimicrobica. Tutti gli isolati sono stati coltivati su un terreno SMMS che limita l'azoto. Tuttavia, a causa della mancanza di tempo, solo lo *Streptomycetes* è stato scelto per essere testato per la produzione di metaboliti secondari. Lo *streptomicete* è stato coltivato su piastra SMMS per cinque giorni ed è stato subcoltivato in brodo SMMS per altri tre giorni secondo il protocollo di Borodina *et al.* Poi, le cellule sono state raccolte utilizzando la centrifugazione e risospese in un tampone e poi ripetute per tre volte. Questo per assicurarsi che il 90% delle cellule sia stato lisato e abbia rilasciato la proteina. Il fluoruro di fenilmetilsolfonile, noto come inibitore della serina proteasi, è stato incluso nel tampone per prevenire la degradazione della proteina.

SAGGI DI GLUCOSIO-6-FOSFATO DEIDROGENASI
I lisati grezzi sono stati applicati al saggio di attività della G6PDH utilizzando substrati forniti (G6P e NADP). Il test è stato eseguito in una piastra a 96 pozzetti che permette l'analisi simultanea di un gran numero di campioni. La reazione è stata monitorata misurando l'assorbanza a 340 nm per due minuti e il cofattore ridotto, NADPH sono stati assorbiti prontamente a questa lunghezza d'onda.

I tassi di reazione misurati a diversi substrati e concentrazione di proteine sono stati mostrati nella figura 4.1. Per ottenere la migliore curva di attività per una data condizione, sono stati preparati sette campioni di diverse concentrazioni di lisati grezzi (100 µL, 50 µL, 25 µL, 12,5 µL, 6,25 µL, 3,125 µL e 1,5625 µL). Poi, tutti i campioni sono stati sottoposti a varie concentrazioni di substrato per individuare la migliore attività enzimatica. In questo studio, sono state scelte otto concentrazioni di substrato da testare con diverse concentrazioni di enzima (2 µM, 5 µM, 10 µM, 20 µM, 30 µM, 40 µM, 50 µM e 60 µM). I risultati mostrano che il tasso di reazione di varie concentrazioni di substrato sono

23

aumentati all'aumentare della concentrazione dell'enzima. La reazione con 20 µM di substrato ha la più alta attività enzimatica. Nel frattempo, la minore attività enzimatica è stata mostrata nella reazione con 50 µM di substrato per tutte le concentrazioni enzimatiche testate.

La figura 4.1 mostra che alle concentrazioni più alte dei lisati grezzi, in particolare 100 µM, 50 µM e 25 µM, la reazione non era stabile quando sottoposta a concentrazioni più basse di substrati (2 µM, 5 µM, 10 µM, 20 µM). Tuttavia, le reazioni hanno iniziato ad aumentare alla concentrazione di substrato da 30 µM a 60 µM. Queste condizioni erano in contraddizione con la reazione mostrata da concentrazioni più basse di lisati grezzi (12,5 µM, 6,25 µM, 3,125 µM e 1,5625 µM) dove la reazione è aumentata leggermente a basse concentrazioni di substrati ed è diminuita in presenza di alte concentrazioni di substrato. Quindi, si può vedere che una maggiore concentrazione di enzima e substrato aumenterà l'attività mentre una minore concentrazione di enzima con una maggiore concentrazione di substrato ridurrà l'attività.

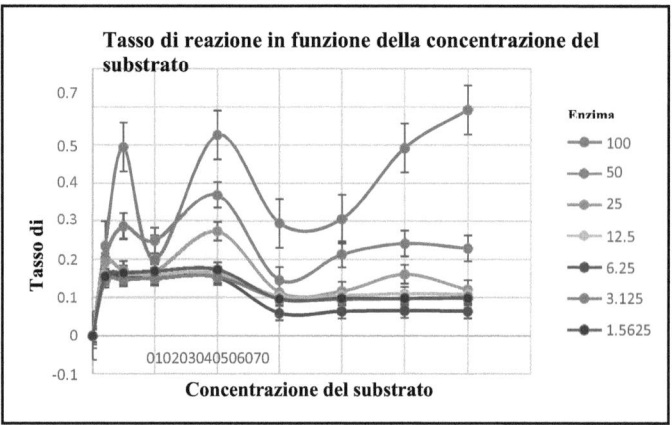

Fig. 4.1: Misurazione delle attività enzimatiche da lisati grezzi prodotti alla lunghezza d'onda 340 nm con diverse concentrazioni di substrato. Tutte le letture sono state normalizzate con il controllo

Nel complesso, si può concludere che l'attività dell'enzima funziona al meglio con l'aumento delle concentrazioni dell'enzima e del substrato. Tuttavia, un saggio migliore potrebbe essere condotto utilizzando un enzima purificato. Secondo Sharma e Chand, (2012), le proteine purificate mostrano letture di attività migliori rispetto agli enzimi grezzi. Questo potrebbe essere dovuto alle impurità proteiche presenti nella reazione che possono interferire con le letture di assorbanza.

Secondo Bisswanger (2014), ci sono diversi fattori che possono influenzare il test oltre a pH, temperatura e forza ionica. Per esempio, le concentrazioni effettive di tutti i componenti del test. Questo può contribuire alle deviazioni dalle condizioni ottimali della proteina che causano una riduzione dell'attività. Per esempio, le reazioni enzimatiche che dipendono dall'ATP hanno bisogno di Mg2+ come contro ioni essenziali. La miscela del test diventerebbe limitante se solo l'ATP senza Mg2+ fosse aggiunto anche in concentrazione sufficiente, specialmente se sono presenti composti complessanti come fosfati inorganici o EDTA. In questo studio, anche questo potrebbe essere considerato come un fattore che contribuisce alle letture fluttuanti. Questa proprietà fisico-chimica degli enzimi G6PDH necessita di ulteriori studi per una migliore condizione di dosaggio.

CONCLUSIONE

Questo tentativo preliminare di ottimizzare il saggio di attività del glucosio-6-fosfato deidrogenasi è stato incoraggiante. Anche se il saggio di attività della glucosio-6-fosfato deidrogenasi non è stato completamente ottimizzato, ci sono alcune conoscenze che possiamo ancora percepire da questo progetto. Una delle conoscenze è che questo enzima è un allosterico che non obbedisce alla cinetica di Michealis-Menten a causa della presenza di più siti di legame. Si ritiene che, con il miglioramento di alcuni fattori come l'uso di enzimi più puri, lo studio potrebbe offrire risultati più promettenti. Inoltre, questa proteina ha un potenziale maggiore verso la produzione di metaboliti secondari attraverso la formazione di NADPH, poiché G6PDH è generalmente considerato come produttore di NADPH attraverso la via del pentoso fosfato (PPP). Tuttavia, un'intensa ricerca sulle proprietà fisiche e fisico-chimiche di G6PDH dovrebbe essere condotta per una migliore comprensione dell'intera reazione enzimatica.

RIFERIMENTI

Barka, E. A., Vatsa, P., Sanchez, L., Gaveau-Vaillant, N., Jacquard, C., Klenk, H. P., ... & van Wezel, G.
    P. (2016). Tassonomia, fisiologia e prodotti naturali di Actinobacteria. *Recensioni di microbiologia e biologia molecolare, 80*(1), 1-43.

Berdy, J. (2005). Metaboliti microbici bioattivi. *Journal of Antibiotics,58*(1), 1. Bisswanger, H. (2014). Saggi enzimatici. *Perspectives in Science, 1*(1), 41-55.

Borodina, I., Siebring, J., Zhang, J., Smith, C. P., van Keulen, G., Dijkhuizen, L., & Nielsen, J. (2008). Antibiotico sovrapproduzione in Streptomyces coelicolor A3 (2) mediata dalla delezione fosfofruttochinasi. *Journal of Biological Chemistry, 283*(37), 25186-25199.

Brockman, I. M., Prather, K. L. J., & Gupta, A. (2017). Knockdown dinamico del metabolismo centrale per ridirezionare i flussi di glucosio-6-fosfato. *Brevetto USA n. 20.170.130.210*. Washington, DC: U.S. Patent and Trademark Office.

Butler, M. J., Bruheim, P., Jovetic, S., Marinelli, F., Postma, P. W., & Bibb, M. J. (2002). Ingegneria del metabolismo del carbonio primario per una migliore produzione di antibiotici in Streptomyces lividans. *Microbiologia applicata e ambientale, 68*(10), 4731-4739.

Craney, A., Ahmed, S., & Nodwell, J. (2013). Verso una nuova scienza metabolismo secondario. *The Journal of antibiotics, 66*(7), 387-400.

Chaudhary, H. S., Soni, B., Shrivastava, A. R., & Shrivastava, S. (2013). Diversità e versatilità degli attinomiceti e il suo ruolo nella produzione di antibiotici. *Journal of Applied Pharmaceutical Science, 3*(8), 83-94.

Chakraburtty, R., White, J., Takano, E., & Bibb, M. (1996). Clonazione, caratterizzazione e interruzione di un gene (p)ppGpp sintetasi (relA) di Streptomyces coelicolor A3 (2). *Microbiologia molecolare, 19*(2), 357-368.

Chakraburtty, R., & Bibb, M. (1997). Il gene ppGpp sintetasi (relA) di Streptomyces coelicolor A3 (2) gioca un ruolo condizionato nella produzione di antibiotici e nella differenziazione morfologica. *Journal of Bacteriology, 179*(18), 5854-5861.

Cheng, J. S., Liang, Y. Q., Ding, M. Z., Cui, S. F., Lv, X. M., & Yuan, Y. J. (2013). Analisi metabolica rivela le risposte aminoacidiche di Streptomyces lydicus ai rapporti di pitching durante il miglioramento della produzione di streptolydigin. *Microbiologia applicata e biotecnologia, 97*(13), 5943-5954.

Das, S., Lyla, P. S., & Khan, S. A. (2008). Distribuzione e composizione generica di actinomiceti marini coltivabili dai sedimenti della scarpata continentale indiana del Golfo del Bengala. *Chinese Journal of Oceanology and Limnology, 26*(2), 166-177.

Doelle, H. W. (2014). Respirazione aerobica. *Metabolismo batterico* (pp. 364). Academic Press. Dyson, P. (2011). *Streptomyces: biologia molecolare e biotecnologia*. Horizon Scientific Press.

Ethiraj, T., Revathi, R., Thenmozhi, P., Saravanan, V. S., & Ganesan, V. (2011). Sviluppo di un metodo cromatografico liquido ad alte prestazioni per l'analisi simultanea di doxofillina e montelukast sodico in una forma combinata. *Metodi farmaceutici*, *2*(4), 223-228.

Fan, Y., Hu, F., Wei, L., Bai, L., & Hua, Q. (2016). Effetti della modulazione della via del pentoso-fosfato sulla biosintesi delle ansamitocine in Actinosynnema pretiosum. *Journal of biotechnology*, *230*, 3-10.

Goodfellow, M., & Williams, S. T. (1983). Ecologia degli attinomiceti. *Recensioni annuali in Microbiologia*, *37*(1), 189-216.

Gunarson, N., Eliasson, A., & Nielsen, J. (2004). Controllo dei flussi verso gli antiobiotici e il ruolo del metabolismo primario nella produzione di antibiotici. *Advance Biochemica. Ingegneria Biotecnologia.*, *88*, 137-178.

Higginbotham, S. J., & Murphy, C. D. (2010). Identificazione e caratterizzazione di un isolato di Streptomyces sp. con attività contro lo Staphylococcus aureus resistente alla meticillina. *Ricerca microbiologica*, *165*(1), 82-86.

Hobbs, G., Frazer, C. M., Gardner, D. C., Flett, F., & Oliver, S. G. (1990). Produzione di antibiotico pigmentato da Streptomyces coelicolor A3 (2): cinetica e l'influenza dei nutrienti. *Journal of General Microbiology*, *136*(11), 2291-2296.

Kämpfer, P. (2015). Streptomyces. *Bergey's Manual of Systematics of Archaea and Bacteria*, 1-414.

Kun, L. Y. (2003). Screening per prodotti antimicrobici. *Biotecnologia microbica: principi e applicazioni*. (pp. 13). World Scientific.

Lessie, T. G., & Vander Wyk, J. C. (1972). Forme multiple di Pseudomonas multivorans glucosio-6-fosfato e 6-fosfogluconato deidrogenasi: differenze di dimensioni, specificità del nucleotide piridinico e suscettibilità all'inibizione dell'adenosina 5'-trifosfato. *Giornale di batteriologia*, *110*(3), 1107-1117.

Lo, C. W., Lai, N. S., Cheah, H. Y., Wong, N. K. I., & Ho, C. C. (2002). Attinomiceti isolati da campioni di suolo dal Crocker Range Sabah. *ASEAN Review on Biodiversity and Environmental Conservation*.

Luti, K. J. K., & Yonis, R. W. (2014). Un'induzione della produzione di Undecylprodigiosin da Streptomyces coelicolor tramite Elicitazione con cellule microbiche utilizzando la fermentazione allo stato solido. *Iraqi Journal of Science*, *55*(4A), 1553-1562.

Madigan, M. T., Martinko, J. M., Dunlap, P. V., & Clark, D. P. (2008). Brock Biologia dei microrganismi 12a edizione. *Microbiologia internazionale*, *11*, 65-73.

Mak, S., Xu, Y., & Nodwell, J. R. (2014). L'espressione dei geni di resistenza agli antibiotici in batteri produttori di antibiotici. *Microbiologia molecolare*, *93*(3), 391-402.

Rudd, B. A., & Hopwood, D. A . (1980). Un antibiotico pigmentato del micelio in Streptomyces coelicolor: controllo da un gruppo di geni cromosomici. *Microbiologia*, *119*(2), 333-340.

Sharma, P. K., & Chand, D. (2012). Purificazione e caratterizzazione della xilanasi termostabile senza cellulasi da Pseudomonas sp. XPB-6.

Solanki, R., Khanna, M., & Lal, R. (2008). Composti bioattivi da attinomiceti marini. *Giornale indiano di microbiologia*, *48*(4), 410-431.

Ventura, M., Canchaya, C., Tauch, A., Chandra, G., Fitzgerald, G. F., Chater, K. F., & Sinderen, D. (2007). Genomica degli attinobatteri: tracciare la storia evolutiva di un antico phylum. *Recensioni di microbiologia e biologia molecolare*, *71*(3), 495-548.

Weber, T., Charusanti, P., Musiol-Kroll, E. M., Jiang, X., Tong, Y., Kim, H. U., & Lee, S. Y. (2015). Ingegneria metabolica delle fabbriche di antibiotici: nuovi strumenti per la produzione di antibiotici in attinomiceti. *Tendenze in biotecnologia*, *33*(1), 15-26.

Wentzel, A., Bruheim, P., Øverby, A., Jakobsen, Ø. M., Sletta, H., Omara, W. A. & Ellingsen, T. E. (2012). Ottimizzato strategia di fermentazione sommersa batch per gli studi su scala di sistemi di commutazione metabolica in Streptomyces coelicolor A3 (2). *BMC sistemi di biologia*, *6*(1), 59.

Zhu, H., Sandiford, S. K., & van Wezel, G. P. (2014). Trigger e spunti che attivano la produzione di antibiotici da parte di actinomiceti. *Journal of industrial microbiology & biotechnology, 41(2),*371-386.

La coltivazione contro l'approccio 'omico' per la bioprospezione microbica nel 21° secolo: Ambiente costiero in Malesia

Suhaila Mohd Omar [1*]

[1Dept]. of Biotechnology, Kulliyyah of Science, International Islamic University Malaysia

*Autore corrispondente: osuhaila@iium.edu.my

ABSTRACT

L'ambiente costiero è l'habitat di diversi microrganismi marini funzionalmente importanti. Tra le caratteristiche preziose dei microrganismi per gli studi di bioprospezione non si limitano alla tolleranza verso le fluttuazioni rapide e ripetute di temperatura, luce solare, salinità, azione delle onde, radiazione ultravioletta e periodi di siccità. D'altra parte, i microrganismi che vivono gli stili di vita epifiti, epibiotici e simbiotici producono tossine specifiche, molecole di segnalazione e altri metaboliti secondari grazie al loro meccanismo di difesa e segnalazione. Il metodo di coltivazione tradizionale e innovativo è ancora rilevante negli studi di bioprospezione, mentre gli approcci "omici" offrono un ampio accesso alla diversità e alla funzione dei microrganismi. Pertanto, questa mini rassegna si concentra sulle sfide, le strategie e il successo degli studi di bioprospezione microbica nel contesto dell'ambiente costiero della Malesia attraverso la coltivazione e l'approccio "omico".

Parole chiave: Omica; microbi; simbionte; coltura di microbi

INTRODUZIONE

I 4.800 km totali di costa della Malesia comprendono due formazioni fisiche nettamente diverse, tra cui distese di fango circondate da mangrovie e spiagge sabbiose che ospitano una biodiversità distinta, unica e spettacolare (MYBIS, 2015). Le formazioni sabbiose rettilinee sono prevalenti nella costa nord-orientale della Malesia peninsulare, mentre il sud comprende una serie di baie a forma di gancio o a spirale. Nel frattempo, la costa occidentale della Peninsulare ha aree limitate di spiagge sabbiose tascabili e per lo più è costituita da formazioni fangose. La costa di Sarawak e Sabah comprende quasi equamente spiagge sabbiose e coste fangose (Abdullah, 1993). Il primo rapporto sulla diversità marina risalente al 1849 comprende il catalogo della diversità dei pesci (Cantor, 1849). Rispetto a pesci, rettili, mammiferi, invertebrati, cetrioli di mare (oloturie) e piante marine, i resoconti dettagliati su altri organismi marini, in particolare i microrganismi, sono ancora carenti (Mazlan et al., 2005). Inoltre, il noto Triangolo dei Coralli, che comprende le barriere coralline di Indonesia, Filippine e Malesia, ha costituito il 76% di tutte le specie di corallo conosciute e ospita il 37% di tutte le specie di pesci della barriera corallina conosciute nel mondo (Burke, 2011). L'eccezionale biodiversità degli habitat marini offre una preziosa opportunità per la bioprospezione. Questa minireview evidenzia la biodiversità microbica marina costiera della Malesia e gli studi di bioprospezione attraverso la coltivazione e l'approccio "omico".

Ambiente costiero come habitat di microrganismi marini funzionalmente importanti

La bioprospezione è un'esplorazione mirata e sistematica di componenti, composti bioattivi o geni all'interno di organismi viventi. Questo può includere tutti i tipi di organismi; microrganismi come batteri, funghi e virus e organismi più grandi come piante marine, molluschi e pesci (Ministero della pesca e degli affari costieri, 2009; Mossop, 2015). L'ambiente marino copre più del 70% della superficie terrestre e contiene il 97,5% dell'acqua del nostro pianeta. I microrganismi rappresentano la maggior parte della ricca e varia vita dell'habitat marino. Tra i fattori ambientali che distinguono la composizione delle comunità microbiche marine rispetto all'ambiente terrestre c'è la salinità (Vogel et al., 2020). Le complesse comunità microbiche costiere giocano anche ruoli importanti nella regolazione dei cicli biogeochimici all'interfaccia terra-mare quindi includono tutti i domini della vita e formano una rete che collega la colonna d'acqua e il sedimento (Fuhrman et al., 2015; Moulton et al., 2016). I microrganismi delle zone intertidali devono essere in grado di lottare in condizioni estreme come le rapide e ripetute fluttuazioni di temperatura, luce solare, salinità, azione delle onde, radiazioni ultraviolette e periodi di siccità (McKew et al., 2011).

Da un punto di vista biotecnologico, il gruppo di microrganismi che vivono con stili di vita epifitici, epibiotici e simbiotici sono anche un serbatoio incomparabile per la loro competizione specifica e le strategie di difesa caratteristiche dei microrganismi associati alla superficie, come la produzione di tossine, molecole di segnalazione e altri metaboliti secondari (Gonzalez et al., 2016). Le spugne e i coralli sono esempi di habitat in cui si possono trovare associazioni simbiotiche di microrganismi in spugne e coralli così come con invertebrati marini (Amelia et al., 2020; Hanani et al., 2015). Il prodotto finale delle attività di bioprospezione potrebbe essere una molecola purificata prodotta biologicamente o sinteticamente o l'intero organismo. Anche se la bioprospezione marina non è un'industria in senso tradizionale, il potenziale di acquisire nuovi composti da utilizzare in molte industrie diverse è la forza motrice interessante. Nel corso degli anni, approcci nuovi e più complessi sono stati sviluppati e utilizzati per studiare la biodiversità microbica marina e il loro potenziale biotecnologico.

Metodi per esplorare la biodiversità microbica marina e potenziale applicazione: Approccio colturale La bassa coltivabilità dei microbi marini è ben nota e indicata come la "grande anomalia del conteggio delle piastre" (Staley & Konopka, 1 9 8 5) a causa della differenza tra il numero di colonie c h e si sono sviluppate sul terreno di laboratorio e il numero totale di batteri che potrebbero essere contati dalla microscopia a epifluorescenza di campioni cbntxnDAPI l potenziale metabolico dei microbi in laboratorio o la funzione dell'ecosistema possono essere confermati solo attraverso studi su organismi coltivati (Prakash et al., 2013). Pertanto, l'isolamento, la caratterizzazione e la conservazione di nuovi microbi sono un requisito per la crescita futura della bioprospezione dall'ambiente marino. La tabella 1 illustra l'elenco di alcuni dei microbi coltivati da diversi ambienti costieri della Malesia negli ultimi 20 anni e la loro potenziale applicazione. *Alphaproteobacteria* e *Gammaproteobacteria* hanno dominato la collezione di colture. Alcuni dei ricercatori usano la metà della forza della composizione dell'agar marino comune come lo sforzo per aumentare l'isolamento di nuovi ceppi (Kuek et al., 2016). La diversità della formula del mezzo utilizzato per la coltivazione (Law et al., 2019) così come il pretrattamento con calore umido e secco aumentano anche il recupero di nuovi attinomiceti (Abdul Malek et al., 2015). I batteri appartenenti al genere *Streptomyces* sono stati riconosciuti come i produttori di molti composti bioattivi, che li rende essere importanti microrganismi per i metaboliti secondari con potenziale anticancro, ruoli antimicrobici a causa delle loro proprietà citotossiche (Law et al., 2019). La potenziale applicazione degli isolati spazia dalla scoperta di enzimi (Cheng et al., 2020; Dinesh et al., 2017; Naresh et al., 2019; Omar et al., 2017; Yasim, 2018), bioremediation (Hanani et al., 2015; Kuek et al., 2016), antibatterici e antifungini (Zainal Abidin et al., 2016). La prevalenza di batteri resistenti agli antibiotici e il suo alto impatto sulla salute umana sollecitano la necessità di ricercare nuovi prodotti naturali che potrebbero quindi porre rimedio a questo problema, soprattutto dall'ambiente marino (Jalal et al., 2012). La maggior parte degli isolati sono stati recuperati attraverso la modifica della tecnica di placcatura standard che può recuperare una percentuale molto piccola, 0,001-1% dell'assemblaggio totale (Staley & Konopka, 1985). La coltivazione seguita da screening ad alta produttività per funzioni specifiche è un'altra strategia per i ricercatori con le strutture avanzate per aumentare i successi positivi (Law et al., 2019).

Tabella 1: Bioprospezione microbica selezionata tramite approccio di coltivazione nell'ambiente costiero, Malesia (2000-2020)

No.	Luogo di campionamento	Ceppi microbici	Applicazione potenziale	Rif
1	Marino Risorse marine (granchio a ferro di cavallo di Sabah, meduse di Sarawak, molluschi e sedimenti marini di	*Bacillus, Chryseomicrobium, Photobacterium, Pseudoalteromonas, Ruegeria, Shewanella,*	Enzima: amilasi, lipasi e proteasi	(Cheng et al., 2020)
	Kelantanand acqua marina di Terengganu) .	*Solibacillus, Tenacibaculum e Vibrio.*		
2	Mangrove foresta Tanjung suol Pahang o, Lumpur,	*Verrucosispora* sp. K2-04	Enzima: xilanasi	(Omar et al., 2017)
3	Estuarine sedimento di mangrovie di Matang Foresta di mangrovie	*Mangrovimonas xylaniphaga sp.* nov.	Enzima: Xilanasi	(Dinesh et al., 2017)
4	Mangrove radici raccolto inTanjung Piai, Johor	*Exiguobacterium* sp. CN10	Enzima per degradazione della biomassa lignocellulosica	(Yasim, 2018)
5	Terreno di mangrovie degli stati settentrionali della Malesia (Perlis, Kedah, Pulau Pinang e Perak).	*Bacillus subtilis* KB01; *Anoxybacillus* sp. UniMAP-KB02, KB03, KB04 KB05, KB06; *Paenibacillus dendritiformis* UniMAP-KB01	Cellulasi termofila	(Naresh et al., 2019)
6	Mar Cinese Meridionale e lungo le coste della Malesia peninsulare e del Borneo	*Alphaproteobacteria: Caulobacteraceae, Phyllobacteriaceae, Rhodobacteraceae e Rhodospirillaceae,* *Betaproteobatteri: Alcaligenes sp.* *Gammaproteobatteri: Aeromonadaceae, Pseudoalteromonadaceae, Shewanellaceae, Pseudomonadaceae e Vibronaceae*	Bioremediation, riduzione del e solfato di azoto-fissazione	(Kuek et al., 2016)

7	Spiaggia di Pulau Kapas e Pantai Batu Burok, Terengganu.	NA	Attività antibatteriche	(Mazalan et al., 2012)
8	Mangrovesoil a Kuching, Sarawak	*Streptomyces* sp.	Potenziali bioattivi in relazione alle attività antiossidanti e citotossiche	(Law et al., 2019)
9	Mangrove foresta Tanjung suol o, Pahang Lumpur,	*Streptomycesmangrovisoli* sp. nov	Antiossidante identificato come Pyrrolo [1,2-a]pirazina-1,4- dione, esaidro	(Ser et al., 2015)
10	Terreno della foresta di mangrovie, Tanjung Lumpur, Pahang	*Streptomyces-like* e isolati *simili a Micromonospora*	Antibatterico e antimicotico	(Zainal Abidin et al., 2016)
11	Marino spugna marina (*Gelliodes* sp.) raccolta dalla zona costiera di Kuantan	*Bacillus* sp.	Bioremediation- acido aloalcanoico (acido 3-cloropropionico acid o 3CP) - attività di degradazione	(Hanani et al., 2015)
12	Sedimento marino di Songsong Island, Kedah, Malaysia.	18 isolati di *Streptomyces*	Antinfettivi	(Fatin et al., 2017)

Approccio omico e meta-omico
Le scoperte innovative nel sequenziamento del genoma, la bioinformatica e gli strumenti analitici come la cromatografia liquida e gassosa e la spettrometria di massa, insieme alle tecnologie high-throughput hanno promosso i progressi nelle tecnologie "omiche" (genomica, trascrittomica, proteomica e metabolomica). Rispetto alla genomica che studia specifici isolati, la metagenomica è una tecnica che prevede il sequenziamento del DNA dei genomi di tutti gli organismi presenti in un particolare campione ed è diventata un metodo comune per lo studio della struttura e della funzione della popolazione del microbioma. Attraverso questo approccio, i geni e i percorsi dell'intero microbioma possono essere determinati. I metodi metagenomici possono essere classificati in base al sequenziamento dei metagenomi e all'analisi bioinformatica o all'espressione funzionale delle librerie metagenomiche per identificare i geni o i gruppi di geni di interesse. Poiché non c'è bisogno di isolare o coltivare i microrganismi, il DNA estratto direttamente fornisce informazioni sulla capacità metabolica e funzionale di una specifica comunità microbica coltivabile e non coltivabile (Simon & Daniel, 2011). La metagenomica va di pari passo con il sequenziamento di prossima generazione e il supercalcolo ad alte prestazioni, permettendo così un ampio accesso alla diversità e alla funzione dei microrganismi (Knight et al., 2012). D'altra parte, la metatranscriptomica aiuta a spiegare quali percorsi metabolici e geni sono espressi in un dato luogo in un dato momento. Entrambe le librerie di DNA genomico c RNA totale possono essere preparate e sequenziate in parallelo seguendo un corretto protocollo di manipolazione del campione e di estrazione degli acidi nucleici (Mason et al., 2012). Altri due approcci, la metaproteomica è la quantificazione dei livelli di proteine o peptidi, mentre la metabolomica è legata all'indagine dei metaboliti delle piccole molecole. Tra i quattro, la genomica e la metagenomica sono i metodi più popolari utilizzati per studiare il microbioma costiero in Malesia. Al momento della scrittura, non c'è nessun rapporto sulla metaproteomica o studio basato sulla metabolomica trovato.

Approccio genomico

La tabella 2 ha mostrato gli esempi del successo dell'applicazione della genomica verso diversi isolati batterici per la determinazione di gruppi di geni di enzimi e metaboliti secondari. Lo studio genomico del ceppo *Catenovulum-like* CCB-QB4 e *Aureispira* sp. CCB-QB1 dall'ambiente costiero di Penang ha evidenziato la biosintesi dell'acido arachidonico (Lau et al., 2019a) e le vie di biosintesi di acidi grassi polinsaturi e diterpenoidi (Furusawa et al., 2015) rispettivamente. Altri due ceppi da Hulu Selangor, *Vibrio variabilis* ceppo T01 (Mohamad et al., 2016) e *Vibrio sinaloensis* T47 (Mohamad et al., 2017) rivelano le proprietà di quorum sensing. Nel frattempo, *Streptomyces* sp. MUSC 125 e *Yangia* sp. ceppo CCB-MM3 dall'ambiente delle mangrovie sono stati confermati con pathway e geni relativi alla produzione di antiossidante (Ser et al., 2016) e copolimero poliidrossialcanoato (Lau et al., 2017) rispettivamente. Il data mining delle sequenze genomiche per i sei batteri appartenenti al genere *Novosphingobium* dal database del National Center for Bioinformatic Information (NCBI) fornisce anche utili intuizioni verso i geni legati all'adattamento marino, alla segnalazione cellulare e al biorisanamento (Gan et al., 2013).

Tabella 2: Bioprospezione microbica selezionata tramite approccio genomico nell'ambiente costiero, Malesia (2000-2020)

No	Luogo di campionamento	Ceppo microbico	Applicazione potenziale	Rif.
1.	Zona costiera di Penang	Ceppo *simile al catenovulo* CCB-QB4	Agarase	(Lauet al., 2019b)
2.	Zona costiera di Penang	*Aureispira* sp. CCB-QB1	Linoleoyl-CoA desaturasi, il gene chiave nella biosintesi dell'acido arachidonico.	(Furusawa et al., 2015)
3.	Acque costiere in Hulu Selangor	*Vibrio variabilis* ceppo T01	Rilevamento del quorum	(Mohamad et al., 2016)
4.	Spiaggia di Morib, Hulu Selangor.	*Vibrio sinaloensis* T47	Rilevamento del quorum	(Mohamad et al., 2017)
5.	Terreno di mangrovie nella costa orientale della Malesia peninsulare	*Streptomyces* sp. MUSC 125	Proprietà antiossidanti	(Seret al., 2016)
6.	Sedimenti del suolo nell'estuario Matang Mangrove Forest Reserve	*Yangia* sp. ceppo CCB-MM3	Percorso per la produzione di propionil-CoA e cluster di geni per la produzione di PHA	(Lauet al., 2017)
7.	Database NCBI	sei batteri appartenenti al genere *Novosphingobium*	Adattamento marino, segnalazione cellula-cellula e biorimedio	(Ganet al., 2013)

Approccio metagenomico

La capacità di profilare diverse comunità microbiche usando il sequenziamento di prossima generazione (NGS) ha aumentato l'interesse nella ricerca sul microbioma. Attraverso questa tecnologia priva di colture e ad alta produttività, l'identificazione e il confronto di intere comunità microbiche, nota anche come metagenomica, può essere realizzata. La metagenomica comprende tipicamente due particolari strategie di sequenziamento: il sequenziamento amplicon, il più delle volte del gene 16S rRNA come marcatore filogenetico; o il sequenziamento shotgun, che cattura la gamma completa di DNA all'interno di un campione (Morgan & Huttenhower, 2012).

C'è un rapporto limitato di studio di approccio 'omics' nel microbioma costiero della Malesia. Come mostrato nella tabella 3, la maggior parte degli studi sono stati limitati all'analisi bioinformatica del sequenziamento dell'amplicone 16S rRNA e dei dati di sequenziamento metagenomico shotgun. Entrambe le strategie di sequenziamento hanno il loro vantaggio e la loro applicazione. L'uso del gene dell'RNA ribosomiale 16S come marcatore filogenetico ha dimostrato di essere una strategia efficiente e conveniente per l'analisi del microbioma e permette anche la previsione del contenuto funzionale basato sulle abbondanze dei taxon. In alternativa, lo scienziato può andare per un approccio sperimentale diretto per svelare la nuova funzione biochimica di proteine sconosciute attraverso lo screening di proteine purificate o librerie di geni metagenomici che utilizzano *E. coli* (Lee et al., 2015) o lambda phage come ospite di clonazione (Popovic et. al., 2017). Per esempio, l'abbondanza di batteri che degradano lo zolfo in una comunità batterica bentonica di sedimenti marini poco profondi al largo della costa di Terenganu del Mar Cinese meridionale è stata rilevata attraverso questa strategia. L'analisi fisico-geochimica ha rivelato che le aree esaminate contenevano zolfo, olio, grasso, benzina, diesel e

olio minerale, che suggerisce l'effetto delle condizioni ambientali verso la prevalenza della crescita della comunità di batteri che degradano lo zolfo nella zona nord-est dell'area indagata (Marziah et al., 2016). Tuttavia, c'è un problema sulla vulnerabilità di questo protocollo a distorsioni attraverso la preparazione del campione e gli errori di sequenziamento. Inoltre, il sequenziamento dell'amplicone del gene 16S rRNA è tipicamente limitato alla classificazione tassonomica a livello di genere a seconda del database e dei classificatori utilizzati e fornisce solo informazioni funzionali limitate (Morgan & Huttenhower, 2012). D'altra parte, la metagenomica shotgun offre sia indagini filogenetiche che la composizione genetica funzionale delle comunità microbiche (Thomas et al., 2012). Nel metagenoma della foresta di mangrovie Matang della zona produttiva, la comunità microbica era sovrabbondante di geni legati al metabolismo dei carboidrati, in particolare gli enzimi coinvolti nella degradazione e nell'utilizzo di polisaccaridi dalle pareti cellulari delle piante. L'analisi funzionale incentrata sugli enzimi di degradazione dei carboidrati ha rivelato una serie di enzimi coinvolti negli enzimi di utilizzo di emicellulosa, cellulosa e pectina (Priya et al., 2018). Il lato negativo della metagenomica shotgun che ha limitato il suo uso più ampio è i suoi costi relativamente elevati e i requisiti bioinformatici più esigenti (Morgan & Huttenhower, 2012; Rausch et al., 2019).

Oltre a fare affidamento sulla conoscenza della sequenza precedente per l'identificazione, la metagenomica basata sulla sequenza permette l'identificazione di un enorme numero di geni che codificano funzioni putative senza la garanzia che i geni saranno espressi con successo nell'ospite eterologo. D'altra parte, anche se lo screening funzionale delle librerie metagenomiche può offrire nuove scoperte, il costo relativamente alto dei kit molecolari importati e dei vettori di clonazione, i risultati laboriosi e potenzialmente bassi nel processo di screening (Kennedy et al., 2008), potrebbero essere la ragione per cui questo approccio non è abbastanza attraente per i ricercatori locali.

Tabella 3: Studio di metagenomica selezionato in Malesia (2000-2020)

No	Luogo di campionamento	Approccio/piattaforma di sequenziamento	Rif.
1.	Lungo la costa del Borneo, della Malesia e delle Filippine	Sequenziamento metagenomico Shotgun/Illumina HiSeq2000	(Song et al., 2017)
2.	Acqua di mare superficiale della costa di Georgetown	Shotgun sequenziamento/ (Miseq) Ilumina	(Arumugamet al., 2013)
3.	L'acqua di mare alla superficie della zona litorale è stata raccolta da un estuario a Sabak Bernam, e un villaggio di pescatori a Sekinchan, Selangor	16srNA sequenziamento dell'amplicone del gene	(Chan & Chong, 2014)
4.	Sedimento al largo della costa di Terenganu nel Mar Cinese Meridionale	16s rRNA amplicon sequencing (Illumina) Miseq	(Marziah et al., 2016)
5.	Suolo della foresta vergine della giungla e della zona produttiva raccolta della riserva forestale di mangrovie Matang	Shotgun metagenomics/ llumina HiSeq2500	(Priya et al., 2018)
6.	Acqua di mare del continuo del Mar Cinese Meridionale (il fiume Rajang e gli estuari portano al mare)	16s rRNA amplicon sequencing/ Illumina	(Sien Aun Sia et al., 2019)
7.	Spugne (*Aaptos aaptos* e *Xestospongia muta*) delle isole Bidong e Redang.	16S rRNA amplicon sequencing/ Illumina HiSeq2500	(Amelia et al., 2020)

CONCLUSIONE

È importante sottolineare che una sequenza del gene 16S rRNA da sola non è probabilmente sufficiente per identificare in modo univoco qualsiasi microbo nell'ambiente. Tuttavia, i dati possono essere utilizzati per sviluppare un supporto e una tecnica di coltivazione mirata e migliorata. Inoltre, lo sviluppo di vettori più versatili, l'ingegneria del ceppo ospite e i saggi di screening funzionale ad alta produttività ed economici potrebbero migliorare il basso tasso di successo associato alla metagenomica funzionale. La combinazione di coltivazione, sequenza e approccio funzionale, seguita da studi biochimici e farmaceutici, potrà potenzialmente svelare vari componenti, composti bioattivi o geni dall'enorme maggioranza dei microrganismi non coltivati nell'ambiente.

RIFERIMENTI

Abdul Malek, N., Zainuddin, Zarina, Chowdhury, A.J.K, Zainal Abidin, Z (2015). Diversità e attività antimicrobica degli attinomiceti del suolo di mangrovie isolati da Tanjung Lumpur, Kuantan. *Jurnal Teknologi, 77* (25). , 0 pp. 37-43. ISSN 0127-9696

Abdullah, S. (1993). *Sviluppi costieri in Malesia - Portata, problemi e sfide.* https://www.water.gov.my/jps/resources/auto%20download%20images/5844e2da4907f.pdf

Amelia, T. S. M., Lau, N.-S., Amirul, A.-A. A., & Bhubalan, K. (2020). Dati metagenomici sul profilo di diversità batterica di spugne marine tropicali ad alta abbondanza *Aaptos aaptos* e *Xestospongia muta* dalle acque al largo di Terengganu, Mare della Cina meridionale. *Dati in breve, 31*, 105971. https://doi.org/10.1016/j.dib.2020.105971

Arumugam, R., Chan, X.-Y., & Woh Choo, S. (2013). Analisi metagenomica della diversità microbica di TropicalSeaWaterofGeorgetownCoast , Malaysia. https://www.researchgate.net/publication/287558965

Burke, L. (2011). *Scogliere a rischio rivisitato* (L. Burke, K. Reytar, M. Spalding, & A. Perry, Eds.). Istituto per le risorse mondiali.

Cantor, T. (1849). *Catalogazione dei pesci malesi.*

Chan, K.-G., & Chong, T.-M. (2014). Prevalenza di batteri non classificati in acque costiere tropicali della Malesia rivelato da approccio metagenomico. *Annunci Genoma, 2*(3). https://doi.org/10.1128/genomeA.00419-14

Cheng, T. H., Ismail, N., Kamaruding, N., Saidin, J., & Danish-Daniel, M. (2020). Enzimi industriali-produrre batteri marini da risorse marine. *Biotechnology Reports, 27*, e00482. https://doi.org/https://doi.org/10.1016/j.btre.2020.e00482

Dinesh, B., Furusawa, G., & Amirul, A. A. (2017). Mangrovimonas xylaniphaga sp. nov. isolato dal sedimento di mangrovia estuarina di Matang Mangrove Forest, Malesia. *Archivi di Microbiologia, 199*(1), 63-67. https://doi.org/10.1007/s00203-016-1275-8

Fatin, S. N., Boon-Khai, T., Shu-Chien, A. C., Khairuddean, M., & Abdullah, A. A. A. (2017). Un actinomicete marino salva *Caenorhabditis elegans* dall'infezione da *Pseudomonas aeruginosa* attraverso la restituzione del lisozima 7. *Frontiers in Microbiology, 8*(NOV). https://doi.org/10.3389/fmicb.2017.02267

Fuhrman, J. A., Cram, J. A., & Needham, D. M. (2015). Dinamiche della comunità microbica marina e la loro interpretazione ecologica. *Nature Reviews Microbiology, 13*(3), 133-146. https://doi.org/10.1038/nrmicro3417

Furusawa, G., Lau, N.-S., Shu-Chien, A. C., Jaya-Ram, A., & Amirul, A.-A. A. (2015). Identificazione di acidi grassi polinsaturi e percorsi di biosintesi diterpenoidi da bozza di genoma di *Aureispira* sp. CCB-QB1. *MarineGenomics, 19,* 39-44. https://doi.org/https://doi.org/10.1016/j.margen.2014.10.006

Gan, H. M., Hudson, A. O., Rahman, A. Y. A., Chan, K. G., & Savka, M. A. (2013). Analisi genomica comparativa di sei batteri appartenenti al genere *Novosphingobium*: Approfondimenti sull'adattamento marino, la segnalazione cellulare e il biorisanamento. *BMC Genomics, 14*(1). https://doi.org/10.1186/1471-2164-14-431

Gonzalez NB, C., Toquica JS, R., Kleine L, L., & Castano D, M. (2016). Batteri epifiti di Macroalghe del genere *Ulva* e il loro potenziale nella produzione di enzimi di interesse biotecnologico. *Journal of Marine Biology & Oceanography, 5*(2). https://doi.org/10.4172/2324-8661.1000153

Hanani, N. S., Naim, A. M., Tengku Abdul Hamid, T. H., Huyop, F., & Abdul Hamid, A. A. (2015). Isolamento e identificazione di 3- Chloropropionic acido degradante batterio da spugna marina (Vol. 77). www.jurnalteknologi.utm.my

Jalal, K. C. A., Akbar, B. John., Kamaruzzaman, B. Y., & Kathiresan, K. (2012). *Emergenza di batteri resistenti agli antibiotici dall'ambiente costiero - Una recensione. in Batteri resistenti agli antibiotici - Una sfida continua nel nuovo millennio.* InTech.

Kennedy, J., Marchesi, J. R., & Dobson, A. D. (2008). Metagenomica marina: strategie per la scoperta di nuovi enzimi con applicazioni biotecnologiche da ambienti marini. *Microbial Cell Factories, 7*(1), 27. https://doi.org/10.1186/1475-2859-7-27

Knight, R., Jansson, J., Field, D., Fierer, N., Desai, N., Fuhrman, J. A., Hugenholtz, P., van der Lelie, D., Meyer, F., Stevens, R., Bailey, M. J., Gordon, J. I., Kowalchuk, G. A., & Gilbert, J. A. (2012). Sbloccare il potenziale della metagenomica attraverso il disegno sperimentale replicato. *Nature Biotechnology, 30*(6), 513-520. https://doi.org/10.1038/nbt.2235

Kuek, F. W., Mujahid, A., Lim, P.-T., Leaw, C.-P., & Mueller, M. (2016). Diversità e DMS (P) - geni correlati in comunità batteriche coltivabili in acque costiere malesi. *Sains Malaysiana, 45* (6), 915-

931.
Lau, N.-S., Sam, K.-K., & Amirul, A. A.-A. (2017). Caratteristiche del genoma di moderatamente alofilo poliidrossialcanoato produttore Yangia sp. CCB-MM3. *Standards in Genomic Sciences*, *12*(1), 12. https://doi.org/10.1186/s40793-017-0232-8

Lau, N.-S., Tan, W. R., Furusawa, G., & Amirul, A.-A. A. (2019a). Sequenza completa del genoma del nuovo ceppo agarolitico Catenovulum-like CCB-QB4. *Marine Genomics*, *43*, 50-53. https://doi.org/https://doi.org/10.1016/j.margen.2018.08.009

Lau, N.-S., Tan, W. R., Furusawa, G., & Amirul, A.-A. A. (2019b). Sequenza completa del genoma del nuovo ceppo agarolitico Catenovulum-like CCB-QB4. *Marine Genomics*, *43*, 50-53. https://doi.org/https://doi.org/10.1016/j.margen.2018.08.009

Law, J. W. F., Chan, K. G., He, Y. W., Khan, T. M., Ab Mutalib, N. S., Goh, B. H., & Lee, L. H. (2019). Diversità di *Streptomyces* spp. dalla foresta di mangrovie di Sarawak (Malesia) e screening delle loro attività antiossidanti e citotossiche. *Scientific Reports*, *9*(1). https://doi.org/10.1038/s41598-019- 51622-x

Lee, D. H., Choi, S. L., Rha, E., Kim, S. J., Yeom, S. J., Moon, J. H., & Lee, S. G. (2015). Un nuovo fosfatasi alcalina psicrofila dal metagenoma dei sedimenti della piana di marea. BMC biotechnology, 15(1), 1. https://doi.org/10.1186/s12896-015-0115-2

Marziah, Z., Mahdzir, A., Musa, Md. N., Jaafar, A. B., Azhim, A., & Hara, H. (2016). Abbondanza di zolfo-batteri degradanti in una comunità batterica bentonica di sedimento di mare poco profondo nella costa off-Terengganu del Mar Cinese Meridionale. *MicrobiologyOpen*, *5*(6), 967-978. https://doi.org/10.1002/mbo3.380

Mason, O. U., Hazen, T. C., Borglin, S., Chain, P. S. G., Dubinsky, E. A., Fortney, J. L., Han, J., Holman, H.-Y. N., Hultman, J., Lamendella, R., Mackelprang, R., Malfatti, S., Tom, L. M., Tringe, S. G., Woyke, T., Zhou, J., Rubin, E. M., & Jansson, J. K. (2012). Metagenoma, metatranscriptome e sequenziamento di singole cellule rivelano la risposta microbica alla fuoriuscita di petrolio della Deepwater Horizon. *The ISME Journal*, *6*(9), 1715-1727. https://doi.org/10.1038/ismej.2012.59

Mazalan, N., Zain, M. M., & Hamzah, A. S. (2012). Attività antimicrobica di batteri marini dalla zona costiera malese. *2012 IEEE Symposium on Humanities, Science and Engineering Research*, 1273-1277. https://doi.org/10.1109/SHUSER.2012.6268808

Mazlan, A. G., Zaidi, C. C., Wan-Lotfi, W. M., & Othman, H. R. (2005). Sullo stato attuale della biodiversità marina costiera in Malesia. In *Indian Journal of Marine Sciences* (Vol. 34, Issue 1).

McKew, B. A., Taylor, J. D., McGenity, T. J., & Underwood, G. J. C. (2011). Resistenza e resilienza delle comunità di biofilm bentonici di una salina temperata all'essiccazione e alla riumidificazione. *The ISME Journal*, *5*(1), 30-41. https://doi.org/10.1038/ismej.2010.91

Ministero della pesca e degli affari costieri, (Norvegia). (2009). *Bioprospezione marina - una fonte di crescita della ricchezza nuova e sostenibile.* https://www.regjeringen.no/en/dokumenter/marine-bioprospecting--a- source-of-new-a/id575822/

Mohamad, N. I., Adrian, T. G. S., Tan, W. S., Muhamad Yunos, N. Y., Tan, P. W., Yin, W. F., & Chan, K. G. (2016). *Vibrio variabilis* T01: un batterio marino tropicale che esibisce un'unica N-acyl homoserine lactoneproduction . *FrontiersinLifeScience*, *9*(1), 17-23. https://doi.org/10.1080/21553769.2015.1066716

Mohamad, N. I., How, K. Y., Yin, W.-F., & Chan, K.-G. (2017). Whole-genome Sequencing di *Vibrio sinaloensis* T47, un isolato marino tropicale con proprietà di Quorum Sensing. *Journal of Genomics*, *5*, 48-50. https://doi.org/10.7150/jgen.16163

Morgan, X. C., & Huttenhower, C. (2012). Capitolo 12: Analisi del microbioma umano. *PLoS Computational Biology*, *8*(12), e1002808. https://doi.org/10.1371/journal.pcbi.1002808

Mossop, J. (2015). *"Marine Bioprospecting" in The Oxford Handbook of the Law of the Sea* (D. Rothwell, A. O. Elferink, K. Scott, & Stephens Tim, Eds.) Oxford University Press.

Moulton, O. M., Altabet, M. A., Beman, J. M., Deegan, L. A., Lloret, J., Lyons, M. K., Nelson, J. A., & Pfister, C. A. (2016). Associazioni microbiche con macrobiota in ecosistemi costieri: modelli e implicazioni per il ciclismo dell'azoto. *Frontiers in Ecology and the Environment, 14*(4), 200-208. https://doi.org/10.1002/fee.1262

MYBIS, M. B. I. S. (2015). *Biodiversità marina e costiera.* https://www.mybis.gov.my/art/6

Naresh, S., Kunasundari, B., Gunny, A. A. N., Teoh, Y. P., Shuit, S. H., Ng, Q. H., & Hoo, P. Y. (2019). Isolamento e caratterizzazione parziale di batteri cellulitici termofili dal suolo di mangrovie tropicali della Malesia settentrionale. *Tropical Life Sciences Research, 30*(1), 123-147. https://doi.org/10.21315/tlsr2019.30.1.8

Omar, S. M., Farouk, N. M., Malek, N. A., & Abidin, Z. A. Z. (2017). *Verrucosispora* sp. K2-04, potenziale produttore di xilanasi dal sedimento della foresta di mangrovie di Kuantan. *International Journal of Food Engineering.* https://doi.org/10.18178/ijfe.3.2.165-168

Popovic, A., Hai, T., Tchigvintsev, A. et al. (2017). Attività di screening di librerie metagenomiche ambientali rivela nuove famiglie di carbossilesterasi. Sci Rep 7, 44103

Prakash, O., Shouche, Y., Jangid, K., & Kostka, J. E. (2013). La coltivazione microbica e il ruolo dei centri di risorse microbiche nell'era omica. *Microbiologia applicata e biotecnologia, 97*(1), 51-62. https://doi.org/10.1007/s00253-012-4533-y

Priya, G., Lau, N.-S., Furusawa, G., Dinesh, B., Foong, S. Y., & Amirul, A.-A. A. (2018). Approfondimenti metagenomici nei profili filogenetici e funzionali del microbioma del suolo da una mangrovia gestita in Malesia. *Agri Gene, 9,* 5-15. https://doi.org/10.1016/j.aggene.2018.07.001

Rausch, P., Rühlemann, M., Hermes, B. M., Doms, S., Dagan, T., Dierking, K., Domin, H., Fraune, S., von Frieling, J., Hentschel, U., Heinsen, F. A., Höppner, M., Jahn, M. T., Jaspers, C., Kissoyan, K. A. B., Langfeldt, D., Rehman, A., Reusch, T. B. H., Roeder, T., ... Baines, J. F. (2019). L'analisi comparativa dei metodi di sequenziamento amplicon e metagenomica rivela caratteristiche chiave nell'evoluzione dei metaorganismi animali. *Microbioma, 7*(1). https://doi.org/10.1186/s40168-019-0743-1

Ser, H. L., Palanisamy, U. D., Yin, W. F., Abd Malek, S. N., Chan, K. G., Goh, B. H., & Lee, L. H. (2015). Presenza di agente antiossidante, Pyrrolo[1,2-a] pyrazine-1,4-dione, hexahydro- in appena isolato *Streptomyces mangrovisoli* sp. nov. *Frontiers in Microbiologia, 6*(AUG). https://doi.org/10.3389/fmicb.2015.00854

Ser, H. L., Tan, W. S., Ab Mutalib, N. S., Yin, W. F., Chan, K. G., Goh, B. H., & Lee, L. H. (2016). Bozza di sequenza del genoma di *Streptomyces* sp. MUSC 125 derivato dalle mangrovie con potenziale antiossidante. *Frontiers in Microbiology, 7*(SEP). https://doi.org/10.3389/fmicb.2016.01470

Sien Aun Sia, E., Zhu, Z., Zhang, J., Cheah, W., Jiang, S., Holt Jang, F., Mujahid, A., Shiah, F. K., & Müller, M. (2019). Distribuzione biogeografica delle comunità microbiche lungo il Rajang iver-Continuum del Mar Cinese Meridionale. *Biogeoscienze, 16*(21), 4243-4260. https://doi.org/10.5194/bg-16-4243- 2019

Simon, C., & Daniel, R. (2011). Analisi metagenomiche: Tendenze passate e future. *Microbiologia applicata e ambientale, 77*(4), 1153-1161. https://doi.org/10.1128/AEM.02345-10

Song, J., Mujahid, A., Lim, P.-T., Samah, A. A., Quack, B., Pfeilsticker, K., Tang, S.-L., Ivanova, E., & Müller, M. (2017). Shotgun metagenomic analisi delle comunità microbiche nelle acque superficiali del Mar Cinese meridionale orientale. *Malaysian Journal of Microbiology, 13*(4), 350-362. http://metagenomics.anl.gov/

Staley, J. T., & Konopka, A. (1985). Misurazione delle attività in situ di microrganismi non fotosintetici in habitat acquatici e terrestri. *Annual Review of Microbiology, 39*(1), 321-346. https://doi.org/10.1146/annurev.mi.39.100185.001541

Thomas, T., Gilbert, J., & Meyer, F. (2012). Metagenomica - una guida dal campionamento all'analisi dei dati. *Microbial Informatics and Experimentation, 2*(1), 3.

Vogel, M. A., Mason, O. U., & Miller, T. E. (2020). Host e determinanti ambientali della struttura della comunità microbica nella fillosfera marina. *PloS One, 15*(7), e0235441. https://doi.org/10.1371/journal.pone.0235441

Yasim, N. H. M. (2018). Isolamento, identificazione e caratterizzazione di batteri lignocellulitici da radici di mangrovie.

Zainal Abidin, Z. A., Abdul Malek, N., Zainuddin, Z., & Chowdhury, A. J. K. (2016). Isolamento selettivo e attività antagonista di actinomiceti dalla foresta di mangrovie di Pahang, Malesia. *Frontiers in Life Science, 9*(1), 24-31. https://doi.org/10.1080/21553769.2015.1051244

Acqua aperta integrato Multi-Trophic Aquaculture (IMTA) in ecosistema costiero: Lo stato e le prospettive in Malesia

Najiah, M. [1*], Lee, K. L. [1], Nadirah, M. [1], Jalal, K. C. A. [2], Laith, A. A. [1], Habib, A. [1], Sheikh, H.I. [1], N.W. Rasdi1, Zainathan, S.C. [1], Abu Hena, M. K. [1], Ruhil H. H. [3]

[1]*Facoltà* di pesca e scienze alimentari, Universiti Malaysia Terengganu (UMT), 21030 Kuala Nerus, Terengganu

[2]*Kulliyyah* of Science, International Islamic University Malaysia (IIUM), Jalan Sultan Ahmad Shah, Bandar Indera Mahkota, 25200 Kuantan, Pahang

3Dipartimento di Paraclinica, Facoltà di Medicina Veterinaria, Universiti Malaysia Kelantan (UMK), Pengkalan Chepa, 16100 Kota Bharu, Kelantan

Autore corrispondente: najiah@umt.edu.my

ABSTRACT

A livello globale, il pesce è un'importante fonte di proteine animali accessibili per gli esseri umani. In mezzo alla crescente domanda di frutti di mare, l'acquacoltura gioca un ruolo importante per colmare il deficit di fornitura della pesca di cattura stagnante per soddisfare le esigenze della popolazione in aumento. La cultura marina in gabbia della Malesia è confinata in acque costiere riparate a causa dei vincoli di bassi input tecnologici. L'acquacoltura intensiva mono-trofica in gabbia si trova sempre più spesso ad affrontare l'improvvisa e massiccia morte dei pesci a causa dell'inquinamento costiero derivante dalle attività antropogeniche terrestri e dalle stesse operazioni di allevamento in gabbia. L'acquacoltura integrata multi-trofica (IMTA) combina l'allevamento di diverse specie trofiche in prossimità di funzioni simbiotiche e complementari per favorire la resilienza ecologica, l'armonia e la sostenibilità, così come per aiutare a ridurre le malattie. Nonostante la sua infanzia, l'IMTA ha buone prospettive nella bio-mitigazione dell'inquinamento costiero, ripristinando e preservando gli ecosistemi costieri vulnerabili in Malesia. Non c'è un sistema IMTA unico per tutti. Una combinazione ottimale di specie deve essere determinata empiricamente in base agli scenari economici ed ecologici locali.

Parole chiave: Cultura marina in gabbia, auto-inquinamento, impatti ambientali, bio-mitigazione, sostenibilità

INTRODUZIONE

Si prevede che l'attuale popolazione mondiale di 7,7 miliardi salirà a 9,7 miliardi entro il 2050 (Nazioni Unite, Dipartimento degli Affari Economici e Sociali, Divisione Popolazione, 2019). L'aumento della popolazione sta ponendo enormi pressioni e sfide alla sicurezza alimentare e nutrizionale, con oltre 820 milioni di persone nel mondo che ancora soffrono la fame. Il pesce è un'importante fonte di proteine animali accessibili per gli esseri umani, raggiungendo il 50% dell'assunzione totale o più in molti paesi meno sviluppati, compresi quelli della regione asiatica (FAO, 2020). Poiché la pesca di cattura globale ristagna in volume e sempre più spesso non riesce a soddisfare la crescente domanda mondiale di frutti di mare, la speranza è sull'acquacoltura in continua crescita per soddisfare la domanda crescente (Figura 1). Dotata di una lunga linea costiera, la Malesia ha un vasto fronte costiero con potenziali acque protette per l'allevamento in gabbia. L'allevamento costiero in gabbia è gestito in modo intensivo quasi interamente ad un singolo livello trofico, dove diverse monospecie sono coltivate indipendentemente in diverse gabbie o aree. Questa pratica mono-trofica, nel tempo, ha portato all'inquinamento e al degrado dell'ambiente costiero, con conseguenti episodi di morte massiva improvvisa dei pesci allevati. Questa revisione ha discusso lo stato dell'IMTA in acqua aperta in Malesia, e le sue prospettive nella bio-mitigazione dell'inquinamento costiero, il restauro e la conservazione degli ecosistemi costieri vulnerabili per lo sviluppo sostenibile della cultura marina in gabbia.

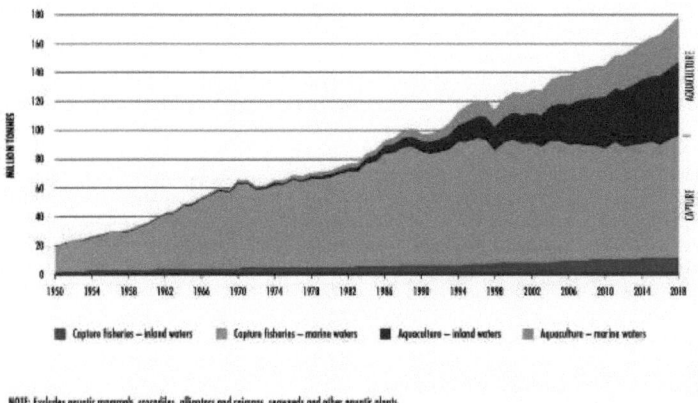

Fig. 1: Produzione mondiale della pesca di cattura e dell'acquacoltura (FAO, 2020).

Cultura marina in gabbia in Malesia

La coltura in gabbia è stata introdotta commercialmente negli anni '80 (Shariff e Gopinath, 2000). La tecnologia a basso livello ha confinato la coltura in gabbia alle regioni costiere protette da forti onde, come le aree riparate da isole, lagune ed estuari. Nel nord, lo stato di Penang ha 30.961 unità di gabbie con una superficie di 638.082 m^2, seguito da Perak (17.840 gabbie, 363.458,46 m^2) e Kedah (8.818 gabbie, 135.582,19 m^2). Nella regione centrale, Selangor ha 17.961 gabbie con 313.972,95 m^2. Nel sud, Johore ha il maggior numero di gabbie (8.856) con un'area di 624.270 m^2. Sulla costa orientale, l'allevamento in gabbia si trova prevalentemente a Kelantan (5.622 gabbie, 57.283,88 m^2) e Terengganu (2.047 gabbie, 40.956,82 m^2). Nella Malesia orientale, Sabah e Sarawak hanno rispettivamente 8.699 gabbie (220.504 m^2) e 1.630 gabbie (16.795 m^2) (DOF, 2018). L'allevamento in gabbia è quasi esclusivamente mono-trofico in pratica, coltivando pesci finiti come spigole, cernie e dentici, mentre un numero molto piccolo di piscicoltori sta facendo anche la coltura in linea di specie organiche estrattive, che dipende dalla disponibilità di semi naturali nelle vicinanze del sito della gabbia. La pratica mono-trofica sta affrontando sempre di più le dure sfide di un'improvvisa e massiccia moria di pesci dovuta al declino della qualità delle acque costiere.

Problemi ambientali e malattie nella cultura marina in gabbia

L'allevamento in gabbia può aiutare ad alleviare la pressione della pesca sugli stock di pesce selvatico, ma se non è gestito, può davvero essere dannoso per l'ecosistema. L'allevamento intensivo in gabbia può causare un significativo deterioramento della qualità dell'acqua a causa dei rifiuti del mangime e delle immissioni fecali. Si stima che il 52-95% dell'azoto (N) aggiunto al sistema di allevamento come alimento finirebbe per inquinare l'ambiente (Handy e Poxton, 1993), a causa di sprechi, scarso assorbimento e ritenzione. Lo scarico organico dalla coltura in gabbia impoverisce l'ossigeno disciolto (DO) nella colonna d'acqua attraverso il processo di degradazione microbica (Hargrave et al., 1993). Inoltre, l'attività microbica di compostaggio può causare direttamente un'elevata domanda biochimica di ossigeno (Suratman et al., 2009). Inoltre, questo processo aumenta anche la produzione di anidride carbonica nei corpi idrici a causa della respirazione, e porta a bassi valori di pH. L'auto-inquinamento dell'allevamento in gabbia, se non controllato, può causare l'eutrofizzazione dei corpi idrici e dei

41

fondali marini, e induce una crescita eccessiva di alghe e piante.

Inoltre, l'ecosistema costiero è continuamente esposto alla contaminazione antropogenica derivante dall'urbanizzazione, dall'industrializzazione e da altre attività economiche. In una sorveglianza della qualità dell'acqua di 10 anni (dal 2003 al 2010 e dal 2014 al 2015) nel sito di maricoltura in Setiu Wetland Lagoon, Terengganu, Poh et al. (2019) hanno rivelato un'elevata concentrazione di fosforo legata alla piantagione di palma da olio, alti solidi sospesi dovuti al disboscamento su larga scala, e l'arricchimento di ammonio derivante dallo scarico dell'acquacoltura a terra.

L'acquacoltura e l'inquinamento antropogenico caricano continuamente le acque costiere con un'elevata quantità di rifiuti organici e inorganici. Tali sostanze di scarto non solo disturbano i pesci con DO impoverito, avvelenamento da ammoniaca e fioriture algali dannose, ma predispongono anche le specie coltivate a vari agenti patologici (Najiah et al., 2002; Najiah et al., 2008; Ariff et al., 2019). In Malesia, improvvise e massicce morti di pesci legate al deterioramento della qualità dell'acqua stanno diventando più spesso in tutte le principali aree costiere di allevamento in gabbia, incorrendo in perdite molto pesanti per gli agricoltori (Lim, 2019, 12 agosto; Audrey, 2020, 4 giugno; Lo, 2020, 5 giugno). A questo proposito, sono necessarie misure di mitigazione per rimediare alle acque ricche di nutrienti e impedire che peggiorino fino a un livello intollerabile per i pesci. Questo, a sua volta, sosterrà lo sviluppo sostenibile dell'acquacoltura costiera.

Acquacoltura integrata multi-trofica
L'acquacoltura multi-trofica integrata è l'allevamento di specie di acquacoltura di diversi livelli della catena alimentare in prossimità per funzioni ecosistemiche complementari, in cui il mangime non consumato e i rifiuti di una specie sono utilizzati dalle specie di altri livelli. Per esempio, nell'ecosistema marino, le specie di acquacoltura alimentate (per esempio i pesci) sono integrate con le specie organiche estrattive (per esempio i mangiatori in sospensione e in deposito) e le specie inorganiche estrattive (per esempio le alghe). La figura 2 mostra il disegno schematico del sistema IMTA in acqua aperta.

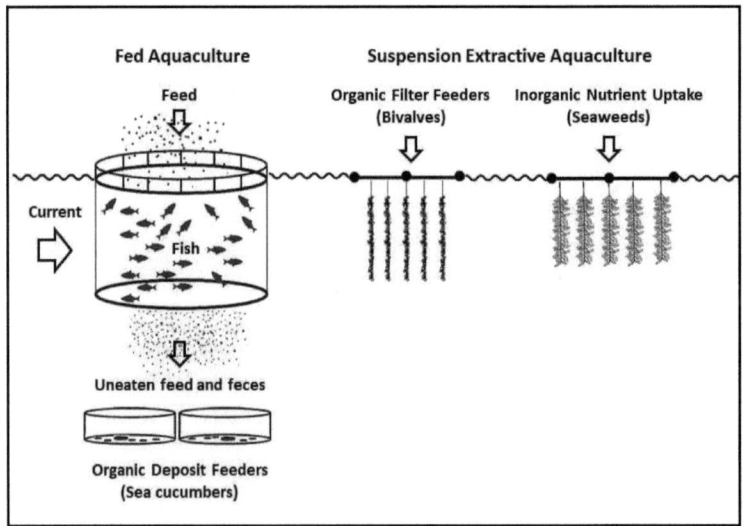

Fig. 2. Vista schematica di un modulo IMTA in acqua aperta che mostra l'integrazione di specie di acquacoltura alimentate (ad es. pesci) con specie organiche estrattive (ad es. bivalvi come filtratori in sospensione e cetrioli di mare come nutrienti di deposito) e specie inorganiche estrattive (ad es. alghe). Le mangiatoie di deposito sono coltivate sotto le gabbie dei pesci per pulire il mangime non consumato e le feci dei pesci, mentre le mangiatoie filtranti assorbono le particelle organiche sospese, e le specie estrattive inorganiche eliminano i nutrienti inorganici disciolti come l'azoto e il fosforo.

Il sistema IMTA ha una lunga storia in Cina che coinvolge bivalvi e alghe. È stato praticato con successo nella baia di Sanggou dalla fine degli anni '80 (Fang et al., 1996), ed è ora ampiamente applicato in molte parti della Cina. La combinazione abalone-kelp-cetriolo di mare è tra i moduli di successo nella pratica. In Canada, la ricerca iniziale IMTA ha avuto luogo nel 2001 nella Baia di Fundy, sulla co-coltivazione di salmone (*Salmo salar*), kelp (*Laminaria saccharina* e *Alaria esculenta*) e cozza blu (*Mytilus edulis*) (Chopin et al., 2007; Chopin e Robinson, 2004). Lo studio ha mostrato un aumento della crescita del kelp e delle cozze del 46% e del 50%, rispettivamente, indicando un aumento della disponibilità di cibo vicino agli allevamenti di salmone. Chopin et al. (2007) hanno anche dimostrato che, con una gestione adeguata, le cozze e le alghe prodotte da IMTA possono essere utilizzate in modo sicuro per il consumo umano. Altri paesi che hanno esplorato l'IMTA sono il Cile, il Sudafrica e Israele (Chopin et al., 2008; Barrington et al., 2009), e più recentemente il Regno Unito (soprattutto in Scozia), Irlanda, Spagna, Portogallo, Francia, Turchia, Norvegia, Giappone, Corea, Thailandia, il Stati Uniti e Messico (Garcia, 2012).

L'approccio IMTA ha lo scopo di ridurre l'impatto ambientale dei rifiuti organici e inorganici dell'acquacoltura in modo che possa essere più ecologicamente sostenibile (Lefebvre et al., 2000; Chopinetal., 2008; Troell et al., 2003; Neori et al., 2017). È considerata una forma specializzata dell'antica pratica della policoltura che co-coltivava varie specie nei corpi idrici, spesso senza tener conto del livello trofico. Dal punto di vista economico, l'IMTA è anche un modo per ridurre il rischio economico, e per aumentare la competitività attraverso la diversificazione delle specie (Barrington et al., 2009). Sta guadagnando sempre più importanza per la qualità della resa e la compatibilità ambientale. La tabella 1 mostra alcuni dei moduli sperimentali di IMTA nel sud-est asiatico.

Tabella 1: Moduli IMTA sperimentali in alcuni paesi del sud-est asiatico.

Paese	Combinazione di specie	Risultati	Riferimento
Baia di Gerupuk, Lombok centrale, Indonesia,	Cernia tigre (*Epinephelus fuscoguttatus*), pompano d'argento (*Trachinotus blochii*) e alghe (*Kappaphycus alvarezii*)	Buone prestazioni di crescita sia nella cernia che nella pompano, e aumento della produzione di alghe	Radiarta e Erlania, 2016
Baia di Gerupuk, Lombok centrale, Indonesia,	(*Eucheuma cottonii* - aragosta - abalone); (*E. cottonii* - abalone - carpa rossa); (*E. cottonii* - abalone - cernia); (*E. cottonii* - abalone - pomfret)	La combinazione *E. cottonii* - abalone - cernia ha mostrato la più alta produzione di biomassa di *E. cottonii*	Sukiman et al., 2014.
Cebu meridionale, Filippine	Orecchio d'asino abalone (*Haliotis asinine*) come specie alimentato e alghe (*Gracilaria heteroclada* e *Eucheuma denticulatum* come inorganica specie estrattive	La coltura dell'abalone non ha prodotto una grande quantità di rifiuti alla scala di allevamento sperimentale. *Gracilaria* e *Eucheuma* coltivate fianco a fianco le gabbie di abalone servono come feed-on-demand e biofiltri per rifiuti inorganici	Largo et al., 2016
Guimaras, Filippine	Coltura combinata a penna del pesce latte *Chanos chanos*, con cetriolo di mare *Holothuria scabra* e alga *Kappaphycus* sp.	Mitigato gli impatti dell'eccesso di nutrienti dal mangime non consumato e dalle feci del pesce latte, e ottenuto un reddito aggiuntivo dalle specie non alimentate	SEAFDEC, 2017
Provincia di Khánh Hòa, Vietnam	Cetriolo di mare con gamberetti o lumache babylon	Cultura a basso costo del cetriolo di mare migliorata la qualità dell'acqua per i gamberi o lumache di Babilonia	Il sito del pesce, 2019
Sabah, Malesia,	Aragosta spinosa (*Panulirus ornatus*), cetriolo di mare (*Holothuria scabra*) e alghe (*Kappaphycus alvarezii*) in sistema a ricircolo e flow-through	Migliore efficienza del risanamento della qualità dell'acqua e della crescita nel sistema flow-through	Sumbing et al., 2016

Stato e prospettive dell'IMTA in Malesia

Il concetto di IMTA è ancora agli inizi in Malesia. Nel Terengganu e nel Kelantan, a seconda della disponibilità di semi selvatici, alcune colture in gabbia praticano la coltura dell'ostrica con il contagocce insieme a quella della spigola o della cernia per ottenere un reddito aggiuntivo piuttosto che per una prospettiva ecologica. A questo proposito, l'educazione alla consapevolezza ecologica e il supporto

44

tecnico aiuteranno gli agricoltori ad adottare il modulo IMTA completo. Benedetta da una costa estesa e da numerose isole, la Malesia ha vari habitat per una buona varietà di alghe con 35 specie in 12 famiglie di Cyanophyta; 113 specie in 16 famiglie di Chlorophyta; 95 specie in 8 famiglie di Ochrophyta; e 216 specie in 36 famiglie di Rhodophyta. Pur avendo ricche risorse di alghe, finora solo *Kappaphycus alvarezii*, *Eucheuma denticulatum* e *Gracilaria manilaensis* sono identificati adatti per scopi commerciali (Phang et al., 2019). Le alghe sono ora più ampiamente coltivate in Sabah con 9.835,30 Ha di aree di coltivazione, mentre Kedah ha una coltivazione su scala molto piccola di 0,68 Ha (DOF, 2018). Con una coltivazione di alghe molto consolidata, e 220.504 ^{m2} (8.699 gabbie) di cultura in gabbia, Sabah potrebbe avere una migliore opportunità di implementare IMTA rispetto ad altri stati.

CONCLUSIONE

La coltura marina in gabbia della Malesia è a un bivio, poiché l'inquinamento delle attività antropogeniche terrestri e l'allevamento in gabbia stesso sconvolgono continuamente l'omeostasi dell'ecosistema. Potrebbe non passare molto tempo prima che la moria massiccia di pesci legata all'inquinamento diventi troppo pesante, e renda l'operazione di allevamento non praticabile dal punto di vista commerciale. Nonostante la sua infanzia in Malesia, l'IMTA ha buone prospettive per la bio-mitigazione dell'inquinamento costiero, e per ripristinare e preservare il vulnerabile ecosistema costiero. La natura simbiotica e complementare dell'IMTA promuoverà la resilienza ecologica, l'armonia e la sostenibilità, oltre a ridurre la probabilità di malattie nelle specie coltivate. Tuttavia, non esiste un sistema IMTA a taglia unica. Un modulo di successo in una località è improbabile che si adatti a tutti i luoghi. La combinazione ottimale di specie dovrebbe essere determinata empiricamente sulla base degli scenari economici ed ecologici locali.

RIFERIMENTI

Ariff, N., Abdullah, A., Azmai M.N.A., Musa N., & Zainathan, S.C. (2019). Fattori di rischio associati alla necrosi nervosa virale in cernie ibride in Malesia e l'elevata somiglianza del suo agente causale virus della necrosi nervosa ai ceppi riassortiti del virus della necrosi nervosa della cernia a macchie rosse / virus della necrosi nervosa del jack a righe. *Veterinary World*, 12(8), 1273-1284.

Audrey, D. (2020, 4 giugno). Non c'è bisogno di preoccuparsi delle carcasse di pesce in mare. *New Straits Times*. Recuperato da https://www.nst.com.my/news/nation/2020/06/597957/no-need-worry-about-fish-carcasses-sea.

Barrington, K., Chopin, T., & Robinson, S. (**2009**). Acquacoltura integrata multi-trofica (IMTA) in acque marine temperate. In D. Soto (ed.). Maricoltura integrata: una revisione globale. *FAO Fisheries and Aquaculture Technical Paper*. No. 529. Roma, FAO. pp. 7-46.

Chopin, T., & Robinson, S. (2004) Definire il quadro normativo e politico appropriato per lo sviluppo di pratiche integrate di acquacoltura multi-trofica: introduzione al workshop e posizionamento delle questioni. *Bull Aquacult Assoc Can.*, 104, 4-10.

Chopin, T., Robinson, S., Page, F., Ridler, N., Sawhney, M., Szemerda, M., Sewuster, J., & Boyne-Travis, S. (2007). L'acquacoltura integrata multi-trofica che fa progressi in Canada. *The Canadian Aquaculture Research and Development Review*, p. 28.

Chopin, T., Robinson, S.M.C., Troell, M., Neori, A., Buschmann, A.H., & Fang, J. (2008). Integrazione multitrofica per l'acquacoltura marina sostenibile. In Sven Erik Jørgensen e Brian D. Fath (Editor- in-Chief), *Ecological Engineering*. Vol. [3] di *Encyclopedia of Ecology*, 5 vols. pp. 2463-2475. Oxford: Elsevier.

DOF. (2018). Statistiche annuali sulla pesca . Recuperato da https://www.dof.gov.my/dof2/ resources/user_29/Documents/Perangkaan%20Perikanan/2018%20Jilid%201/Table_akua_201 8_-new.pdf

Fang, J., Kuang, S., Sun, H., Li, F., Zhang, A., Wang, X., & Tang, T. (1996). Stato di maricoltura e misure di ottimizzazione per la cultura di capasanta *Chlamys farreri* e kelp *Laminaria japonica* nella baia di Sanggou. *Mar Fish Res*, 17, 95-102.

FAO. (2020). Lo stato della pesca e dell'acquacoltura mondiale 2020. Sostenibilità in azione. Roma. https://doi.org/10.4060/ca9229en

Garcia, J. (2012). Alternativa sostenibile per diversificare le culture e proteggere la qualità dell'ambiente marino. In Acquacoltura Integrata Multi-trofica (IMTA): Un'alternativa sostenibile e pionieristica per le culture marine in Galizia (ed. Guerrero, S. e Cremades, J.), pp. 9. Governo regionale della Galizia (Spagna), Consiglio regionale dell'ambiente rurale e marittimo regionale Centro di ricerca marina, Spagna. https://hal.archives-ouvertes.fr/h

Handy, R.D., & Poxton, M.G. (1993). Inquinamento da azoto in maricoltura: tossicità ed escrezione di composti azotati da parte dei pesci marini. *Rev. Fish. Biol. Fisheries*, 3, 205-241.

Hargrave, B.T., Duplisea, D.E., Pfeiffer, E., & Wildfish, D.J. (1993). Cambiamenti stagionali nei flussi bentonici di ossigeno disciolto e ammonio associati al salmone atlantico coltivato in mare. *Marine Ecology Progress Series*, 96, 249-257.

Largo, D.B., Diola, A.G., & Marababol, M.S. (2016). Sviluppo di un sistema integrato di acquacoltura multi-trofica (IMTA) per le specie marine tropicali nel sud di Cebu, Filippine centrali. *AquacultureReports*, 3, 67-76.

Lefebrve S., Barille', L., & Clerc, M. (2000). L'ostrica del Pacifico (*Crassostrea gigas*) risponde all'alimentazione di un effluente di allevamento ittico. *Acquacoltura*, 187, 185-198.

Lim, C. (2019, 12 agosto). Allevatori di pesci colpiti di nuovo male come 50, 000 pesci trovati morti in Teluk Bahang. *The Star*. Retrieved from https://www.thestar.com.my/news/nation/2019/08/12/fish-breeders-hit- badly-again-as-50-000-fishes-found-dead-in-teluk-bahang

Lo, T.C. (2020, 5 giugno). Marea rossa verso Kedah. *La Stella*. Recuperato da https://www.thestar.com.my/news/nation/2020/06/05/killer-red-tide-heading-towards-kedah

Najiah, M., Lee, K.L., Hassan, M.D., Muhd-Azmi, M. L., & Shariff, M. (2002). Caratteristiche morfologiche, biochimiche e fisiologiche degli isolati di *Vibrio parahemolyticus* in pesci malati e stagni di gamberi in Malesia. *Jurnal Veterinar Malaysia*, 14(1&2), 25-30.

Najiah, M., Nadirah, M., Lee, K. L., Lee, S.W, Wendy, W., Ruhil, H.H., & Nurul, F.A. (2008). Flora batterica e metalli pesanti in ostriche coltivate *Crassostrea iredalei* di Setiu Wetland, East Coast Malaysia peninsulare. *Comunicazione di ricerca veterinaria*, 32, 377-381.

Neori, A., Shpigel, M., Guttman, L., & Israel, A. (2017). Sviluppo della policoltura e dell'acquacoltura multi trofica integrata (IMTA) in Israele: una recensione. *The Israeli Journal of Aquaculture-Bamidgeh*, 69:1- 19.

Phang, S.M., Yeong, H.Y., & Lim, P.E. (2019). Le risorse di alghe marine della Malesia. *Botanica Marina*, 62(3). https://doi.org/10.1515/bot-2018-0067

Poh, S. C., Ng, N.C.W., Suratman, S., Mathew, D., & Mohd Tahir, N. (2019). Disponibilità di nutrienti nella laguna umida di Setiu, Malesia: tendenze, possibili cause e impatti ambientali. *Monitoraggio e valutazione ambientale*, 191, 3. https://doi.org/10.1007/s10661-018-7128-y

Radiarta, N., & Erlania. (2016). Prestazioni dei prodotti di maricoltura sotto il sistema di acquacoltura multiprofessionale integrata (IMTA) a Gerupuk Bay, Lombok centrale, West Nusa Tenggara. *Jurnal Riset Akuakultur*, 11 (1), 85-97.

SEAFDEC. (2017). Southeast Asian State of Fisheries and Aquaculture. Southeast Asian Fisheries DevelopmentCenter , Bangkok, Thailandia. 167 pp.

http://repository.seafdec.org/bitstream/handle/20.500.12066/6204/6.5-Addressing-concerns-due-to- aquaculture-climate-change.pdf?sequence=1&isAllowed=y

Shariff, M., & Gopinath, N. (2000). L'acquacoltura in gabbia in Malesia: una panoramica [Paper presentation]. In *Acquacoltura in gabbia in Asia*: Proceedings of the First International Symposium on Cage Aquaculture in Asia (pp. 75-81). Asian Fisheries Society, Manila, e World Aquaculture Society - Southeast Asian Chapter, Bangkok.

Sukiman, Faturrahman, Rohyani I.S., & Ahyadi, H. (2014). Crescita dell'alga *Eucheuma cottonii* in sistemi di allevamento marino multi trofico a Gerupuk Bay, Lombok centrale, Indonesia Nusantara. *Bioscience*, 6, 82-85.

46

Sumbing, M.V., Al-Azad, S., Estim, A., & Mustafa, S. (2016). Prestazioni di crescita dell'aragosta spinosa *Panulirus ornatus* in un sistema di acquacoltura integrata multitrofica (IMTA) a terra. *Transactions on Science and Technology*, 3(1-2), 143-149.

Suratman, S., Awang, M., Loh, A.L., & Mohd Tahir, N. (2009). Studio dell'indice di qualità dell'acqua nel bacino del fiume Paka, Terengganu (in malese). *Sains Malaysiana*, 38, 125-131.

Il sito dei pesci. (2019). Il Vietnam promuove il cetriolo di mare IMTA. Recuperato da https://thefishsite.com/articles/vietnam-promotes-sea-cucumber-imta

Troell, M., Halling, C., Neori, A., Chopin, T., Buschman, A.H., Kautsky, N., & Yarish, C. (2003). Maricoltura integrata: fare le domande giuste. *Acquacoltura*, 226, 69-90.

Nazioni Unite, Dipartimento degli Affari Economici e Sociali, Divisione Popolazione. (2019). World Population Prospects 2019: Highlights (ST/ESA/SER.A/423).

Proprietà antiossidanti di Nerita articulata da Estuarine Mangrove Kuantan, Pahang Malaysia

Deny Susanti1*, Mohd Faizol, A.[1,2]

1Dipartimento di chimica, Kulliyyah of Science, International Islamic University Malaysia, 25200 Kuantan, Pahang, Malaysia.

2Dipartimento di Biotecnologia, Kulliyyah of Science, International Islamic University Malaysia, 25200 Kuantan, Pahang, Malaysia.

*Autore corrispondente: deny@iium.edu.my,

ABSTRACT

I molluschi sono uno dei principali macroinvertebrati che giocano un ruolo ecologico significativo nelle dinamiche dei nutrienti nell'ecosistema delle mangrovie, perché costituiscono un collegamento essenziale all'interno della rete alimentare come predatori, erbivori, detritivori e filtratori. Sono utili bioindicatori dell'inquinamento ambientale, grazie ai loro metodi di filtraggio. Sulla base di questi contesti, le proprietà antiossidanti delle specie di molluschi *Nerita articulata* sono state studiate in un estuario di mangrovie, Kuantan, Pahang, sulla costa orientale della Malesia. Nel presente studio, sono stati condotti diversi test antiossidanti per valutare le attività antiossidanti degli estratti di acqua, metanolo e diclorometano: metanolo di *N. articulata*. I risultati sono stati confrontati con l'alfa-tocoferolo e l'acido ascorbico, che sono generalmente conosciuti come composti antiossidanti. La percentuale di attività di scavenging e l'inibizione della perossidazione lipidica per ciascuno degli estratti sono stati anche determinati. Gli estratti sono risultati avere diversi livelli di proprietà antiossidanti nei modelli di test utilizzati. Tutti gli estratti hanno fortemente inibito la perossidazione lipidica e hanno anche mostrato basse attività di scavenging dei radicali. Pertanto, questa specie potrebbe essere considerata come una fonte antiossidante significativa in termini di perossidazione lipidica. Lo studio indica che questi estratti dal mollusco *N. articulata* hanno buone attività antiossidanti che possono essere sfruttate come piste per potenziali composti bioattivi.

Parole chiave: *Nerita articolato*, attività antiossidante, radicali liberi, attività di scavenging, perossidazione lipidica.

INTRODUZIONE

I prodotti acquatici marini o naturali hanno attirato l'attenzione di biologi e chimici di tutto il mondo negli ultimi cinque decenni. Come risultato del potenziale per la scoperta di nuovi farmaci, i prodotti acquatici naturali hanno attirato gli scienziati che hanno portato alla scoperta di migliaia di prodotti a base acquatica fino ad oggi, e molti dei composti hanno mostrato una promettente attività biologica. Le attività biologiche di un estratto di organismi marini o di composti isolati sono classificate in termini di attività antimicrobica, antileishmanial, antielmintica, antimalarica, antinfiammatoria, antiossidante, anticancro e antiallergica (Anand, 2010; Malve, 2016). I molluschi sono considerati come una delle fonti importanti per ricavare composti bioattivi che presentano attività antitumorali, antimicrobiche, antinfiammatorie e antiossidanti (Sole et al., 1994; Bhakuni e Rawat, 2005; Benkendorff et al., 2010). I molluschi contengono anche ricchi nutrienti che sono benefici per le persone di tutte le età. Nel nostro corpo, il processo di ossidazione porta a danni cellulari, cancro e malattie degenerative; le molecole antiossidanti presenti in diversi molluschi prevengono i danni cellulari dalla reazione di ossidazione (Nagash et al., 2010). I composti isolati dai molluschi sono stati utilizzati anche nel trattamento dell'artrite reumatoide e dell'osteoartrite (Chellaram e Edward, 2009). Gli estratti di molluschi hanno anche mostrato un'attività antivirale e antibatterica contro i batteri patogeni dei pesci, e l'estratto può anche essere applicato in acquacoltura (Defer et al., 2009).

Le mangrovie sono documentate per essere tra gli ecosistemi più produttivi del mondo che forniscono importanti vivai e zone di alimentazione per il novellame di pesce e potenziali specie di invertebrati come i molluschi (Siraprapha et al., 2016). I molluschi sono uno dei principali macroinvertebrati che giocano un ruolo ecologico significativo nelle dinamiche dei nutrienti nell'ecosistema delle mangrovie perché formano un importante collegamento all'interno del cibo

web come predatori, erbivori, detritivori e filtratori. Sono utili bioindicatori dell'inquinamento ambientale, grazie ai loro metodi di filtraggio. *N. articulata* è la più dominante e abita ampiamente nella zona delle mangrovie dell'estuario di Kuantan.

Sulla base delle prospettive di cui sopra, questo studio è stato condotto per osservare le proprietà antiossidanti delle specie di molluschi dominanti selezionate che sono state trovate abbondantemente vicino all'area di mangrovie estuariali di Kuantan. Lo studio era volto a determinare le attività antiossidanti degli estratti grezzi *di Nerita* usando diverse tecniche (radicali liberi o perossidazione lipidica) e ad analizzare gli aspetti quantitativi delle attività antiossidanti nelle specie di molluschi selezionate.

METODOLOGIA
Area di campionamento
L'area delle mangrovie di Kuantan si trova vicino alla regione estuarina del fiume Kuantan con latitudine 3° 48' 20.63 °N e latitudine 103° 20' 3.36 °E. È sotto il distretto di Kuantan a circa 2 chilometri dalla città di Kuantan. L'area era circondata da 339 ettari di foresta di riserva di mangrovie che esisteva da oltre 500 anni. Quest'area di studio è riconosciuta come l'habitat di una varietà di animali come uccelli, pesci e altri potenziali invertebrati come gasteropodi e artropodi.

Fig 1: Area di campionamento: Estuario di mangrovie Kuantan

Raccolta di campioni

I campioni freschi di specie *Nerita* sono stati raccolti dalla zona estuariale della mangrovia, Kuantan. I campioni sono stati tenuti in un sacchetto di plastica prima di essere conservati in una cella frigorifera. Dopo di che, il corpo e il guscio sono stati separati, e lo studio delle proprietà antiossidanti si è concentrato sulla parte del corpo di *Nerita* sp. Poi i campioni sono stati conservati a -20 °C fino all'estrazione (Houssen e Jaspars, 2005; Bhakuni e Rawat, 2005). Il

Le specie sono state identificate fino al livello di genere e riferite alla Tassonomia e distribuzione dei Neritidae (Molluschi: Gastropoda) a Singapore discusse da Siong e Reuben, 2008; Bouchet e Rocroi, 2005).

Estrazione con diversi solventi

I campioni sono stati estratti in funzione della loro polarità usando acqua e solventi organici. I solventi sono acqua, diclorometano (DCM): metanolo ed estrazioni con metanolo (Sies, 1997; Houssen e Jaspars, 2005; Bhakuni e Rawat, 2005). I metodi di estrazione dettagliati sono stati condotti con diversi solventi che sono descritti come segue:

Estrazione dell'acqua

I campioni sono stati tagliati in piccoli pezzi, e il peso dei campioni è stato registrato di conseguenza. Poi i campioni (304,37 g) sono stati aggiunti a 500 mL di acqua distillata e macinati con un frullatore. La miscela è stata trasferita in un pallone conico e conservata in una stanza fredda (0 °C) per 24 ore. In seguito, i campioni sono stati filtrati con carta da filtro Whatman n. 1 e i residui/il filtrato sono stati raccolti per l'estrazione con solvente organico. L'estratto acquoso è stato congelato in un congelatore profondo (-20 °C). Poi i campioni sono stati liofilizzati e si è ottenuto l'estratto grezzo per l'estrazione acquosa.

Diclorometano: estrazione con metanolo

I campioni sono stati pesati (432,78 g) e poi impregnati con 500 mL di DCM: metanolo (1:1), mescolati e conservati per 24 ore a temperatura ambiente. Poi i campioni imbevuti sono stati filtrati, e i residui/filtrato sono stati raccolti per l'estrazione del metanolo. I campioni sono stati essiccati in camera a fumo per rimuovere il solvente rimanente per 1-3 giorni. L'estratto grezzo per DCM: estrazione in metanolo è stato ottenuto e conservato nel congelatore.

Estrazione con metanolo

I campioni sono stati pesati (391,51 g) e aggiunti con 500 mL di metanolo e poi mescolati. Dopo di che, il campione è stato tenuto per 24 ore a temperatura ambiente, filtrato, e gli estratti sono stati evaporati di conseguenza. I campioni sono stati essiccati in una camera a fumo per 1-3 giorni. L'estratto grezzo per l'estrazione in metanolo è stato ottenuto e conservato nel congelatore.

Screening antiossidante
Screening rapido con Dot-Blot e colorazione DPPH

Lo screening rapido degli antiossidanti si riferiva al metodo Dot-Blot e alla colorazione DPPH con una leggera modifica per rilevare le proprietà antiossidanti nei campioni essiccati del freezer. Gli estratti grezzi sono stati sciolti con metanolo con concentrazione 10mg/ml. Gli estratti e la vitamina C sono stati cautamente caricati sullo strato TLC e asciugati per 3 minuti. Poi la soluzione DPPH 0,4 mM è stata spruzzata sullo strato TLC. Lo strato TLC colorato ha rivelato uno sfondo viola con una macchia bianca nella posizione delle gocce, che ha mostrato la capacità di scavenger dei radicali (Soler-Rivas et al., 2000; Subhapradha et al., 2013).

Saggio quantitativo antiossidante Saggio di scavenging dei radicali

50

liberi

L'attività di scavenging dei radicali DPPH degli estratti dai campioni *N. articulata* è stata determinata utilizzando il protocollo di Brand-William el al. (1995). Cited By in Scopus (1464)L'attività di scavenging dei radicali liberi di diversi estratti è stata valutata. È stata preparata la soluzione stock di ogni estratto che si dissolve in metanolo con una concentrazione di 10 mg/mL. La diluizione seriale è stata eseguita in triplicato in 500, 250, 125, 62.5, 31.3, 15.6, 7.8 µg/mL in concentrazione dalla soluzione stock. Ogni estratto (100 µL) è stato mescolato con 3,9 mL di una soluzione appena preparata contenente 25 mg/L di radicali 1,1-difenil-2-picrylhydrazyl (DPPH) in metanolo. L'assorbanza è stata misurata dalla luce UV a 515 nm 30 minuti dopo. La percentuale di attività di DPPH scavenging è stata calcolata come segue:

Attività di scavenging (%) = [1-(assorbanza del campione/assorbanza del bianco)] x 100

Un'assorbanza più bassa indica un maggiore effetto di scavenging. Il valore EC50 (mg/mL) è la concentrazione effettiva alla quale i radicali DPPH sono stati scavenged del 50%. La vitamina C ed E sono state usate come controlli positivi.

Metodo del tiocianato ferrico (FTC)

Il metodo FTC è stato seguito come adottato da Huang et al. (2005). Questo metodo è stato leggermente modificato in questo studio. 4 mg di estratto grezzo sono stati sciolti in 4 mL di etanolo 95% (w/v) è stato mescolato con acido linoleico (2,51%, v/v) in etanolo 99,5% (w/v) (4,1 mL), 8 mL di tampone fosfato 0,05M pH 7,0 e 3,9 mL di acqua distillata. La miscela è stata conservata in un contenitore con tappo a vite a 400^{C} al buio. 0,1 mL di questa miscela è stata aggiunta con 9,7 mL di etanolo al 75% e 0,1 mL di tiocianato di ammonio al 30% (w/v). Precisamente 3 minuti dopo l'aggiunta di 0,1 mL di cloruro ferroso 20 mM in acido cloridrico 3,5% (v/v) alla miscela di reazione, è stata misurata l'assorbanza a 500 nm della soluzione rossa risultante. Poi è stata misurata di nuovo ogni 24 ore dei giorni successivi quando l'assorbanza del controllo ha raggiunto il valore massimo. La percentuale di inibizione della perossidazione dell'acido linoleico è stata calcolata come:

Inibizione (%) =100 - [(assorbanza dell'aumento del campione/aumento dell'assorbanza del controllo) x 100] Tutti i test sono stati eseguiti in triplicato e la vitamina E come controllo positivo.

Analisi descrittiva

Tutti gli esperimenti sono stati eseguiti in triplicato. I risultati sono stati presentati in media ± deviazione standard. Questa analisi era una statistica descrittiva. Per quanto riguarda i dati e i grafici, sono stati sottoposti ad analisi utilizzando Microsoft® Office Excel 2007 e ANOVA.

RISULTATI E DISCUSSIONE

Identificazione del campione

Questa lumaca con un vestito a strisce è stata vista comunemente nelle mangrovie, spesso in gran numero. Può anche essere vista sulle rive rocciose, specialmente quelle vicino alle mangrovie. Tan e Clements (2008) hanno osservato questa lumaca su tronchi e radici di mangrovie, pareti di canali monsonici, sponde fangose e aree rocciose all'interno o vicino alle mangrovie. Era anche conosciuta come *N. lineata*. La dimensione di questa specie era di 2-3 cm con una conchiglia robusta e arrotondata. Il colore di questa specie era beige, grigio o rosato con sottili costole nere a spirale. La parte inferiore piatta della conchiglia era bianca, a volte con macchie gialle. C'erano piccoli denti all'apertura della conchiglia. L'opercolo era uniformemente coperto da piccole protuberanze. L'animale aveva sottili linee nere e lunghi e sottili tentacoli neri. Pascolava sulle alghe e sembrava tornare nello stesso punto dopo un'alimentazione. Secondo Tan & Clements (2008), la Nerite rigata era probabilmente la più ampiamente distribuita. Questa specie era più abbondante nei canali monsonici, nei muri e negli alberi di mangrovia, in qualche modo contava centinaia di esemplari in una singola località. La tabella sottostante descrive l'immagine e la morfologia della specie. Il gasteropode più dominante nell'area delle mangrovie di Kuantan è stato identificato morfologicamente come segue (Tabella 1 e Figura 2):

Tabella 1: tassonomia di *N. articulata*

Phylum	Mollusca
Classe	Gastropoda
Ordine	Neritopsina
Famiglia	Neritidae
Genere	*Nerita*
Specie	*Nerita articulata*

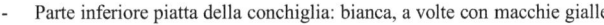

N. articulata	Caratteristiche
	- Guscio robusto e arrotondato
	- Colore: beige, grigio o rosato con sottili nervature nere a spirale
	- Dimensione: 2-3cm
	- Parte inferiore piatta della conchiglia: bianca, a volte con macchie gialle
	- piccoli denti all'apertura del guscio
	Habitat : comunemente visto su una mangrovia; tronchi e radici della mangrovia, buco dell'albero, pareti del canale monsonico, banche fangose, aree rocciose in o vicino alle mangrovie

Fig. 2: Le caratteristiche di *N. articulata*

Estrazione del campione
La selezione di una procedura di estrazione adatta potrebbe aumentare la resa di composti antiossidanti rispetto al materiale vegetale. Diverse tecniche di estrazione sono state brevettate utilizzando solventi con diversa polarità (come benzina, etere, esano, toluene, acetone, metanolo ed etanolo) così come le tecniche di dosaggio e il substrato utilizzato (Mayer & Hamann, 2005). I composti bioattivi sono stati estratti secondo la loro polarità usando acqua e solventi organici. I metodi di estrazione applicati sono stati l'estrazione con acqua, diclorometano (DCM): estrazione con metanolo ed estrazione con metanolo (Houssen & Jaspars, 2005; Tinu et al.2019).

Tabella 2: Peso del campione estratto usando diversi solventi

Metodo	Peso del corpo del mollusco prima dell'estrazione (g)	Peso dell'estrazione grezza dopo l'essiccazione (g)	Rendimento (%)	Osservazione degli estratti
Estrazione dell'acqua	304.73	12.69	4.16	Colore grigio chiaro, forma di polvere
Estrazione con metanolo	391.51	9.70	2.48	Colore marrone scuro, forma appiccicosa
Diclorometano: Metanolo Estrazione	432.78	2.03	0.47	Colore verde scuro, appiccicoso modulo

Tecnicamente, il solvente ha estratto il composto biologico a causa della sua polarità. Pertanto, il diverso composto bioattivo è stato estratto in ogni estrazione. Nella tabella 2, è stato mostrato il peso dell'estratto grezzo per ogni solvente. Il composto biologico è stato estratto maggiormente utilizzando l'acqua come solvente. L'acqua era generalmente conosciuta come il solvente universale. Sulla base del risultato, potrebbe indicare che i costituenti molecolari della specie erano più solubili nel solvente polare. Tuttavia, una soluzione che è stata estratta dall'acqua non significa avere la maggior parte delle proprietà antiossidanti in quanto è stata determinata solo da tre metodi separati; dot-blot, metodo di attività di scavenging e tiocianato ferrico (FTC).

Screening antiossidante
Screening rapido di antiossidanti utilizzando Dot-Blot e colorazione DPPH
Lo screening rapido degli antiossidanti usando il metodo Dot-Blot e la colorazione DPPH è stato descritto da Soler-Rivas et al. (2000) con leggere modifiche. Il Dot-Blot e la colorazione DPPH è stato il primo metodo utilizzato per lo screening delle proprietà antiossidanti in questo studio. Diversi tipi di estrazione con solventi con concentrazione 10 mg/ml sono stati posti sulla piastra TLC, e le proprietà antiossidanti sono state rilevate dopo la colorazione DPPH. La comparsa di macchie bianche indica la presenza di antiossidanti di diversi estratti dai campioni nel dot blot (Huang et al., 2005). Questo metodo si basa sull'inibizione dell'accumulo di composti ossidati, poiché l'aggiunta di antiossidanti inibisce la generazione di radicali liberi.

La vitamina C è stata usata come controllo per questo esperimento. Tutti gli estratti hanno mostrato un risultato positivo, ma erano leggermente diversi nella loro intensità. L'intensità del colore bianco/giallo dipendeva dalla quantità e dalla natura del radical-scavenger presente nell'estratto (Rahman et al., 2015). Una macchia bianca/gialla è apparsa negli estratti di metanolo e DCM: il metanolo ha indicato che questi campioni hanno estratto un'alta intensità dei composti antiossidanti. Tuttavia, la bassa intensità di composti antiossidanti era stata estratta usando l'acqua come solvente (Tabella 3).

Test quantitativo
Attività di scavenging dei radicali liberi
Questo metodo è attualmente popolare e si basa sull'uso del radicale libero stabile difenilpicrylhydrazyl (DPPH). Lo scopo di questo studio era di valutare gli effetti di scavenging degli estratti di *N. articulata,*

da diverse estrazioni con solventi, conoscere le basi del metodo e anche capire l'uso del parametro "EC50" (concentrazione equivalente per dare il 50% di effetto) che è stato attualmente utilizzato nell'interpretazione dei dati sperimentali del metodo.

Il 2, 2-difenil-1-picrilidrazile è stato caratterizzato come un radicale libero sotto la delocalizzazione dell'elettrone di riserva sulla molecola nel suo insieme, in modo che le molecole non si dimerizzano, come sarebbe il caso con la maggior parte degli altri radicali liberi. La delocalizzazione ha anche dato origine al colore viola intenso, caratterizzato da una banda di assorbimento in soluzione di metanolo centrata a circa 515 nm (Molyneux, 2004). Quando una soluzione di DPPH è stata mescolata con quella di una sostanza che può donare un atomo di idrogeno, allora questo ha dato origine alla forma ridotta con la perdita di questo colore viola. Questa condizione indicava che il radicale DPPH veniva scavenged dagli antiossidanti attraverso la donazione di idrogeno, formando il DPPH-H ridotto.

Tabella 3: Attività antiossidanti di diversi estratti di solventi da *N. articolato*

Attività di scavenging (%) = [1-(assorbanza del campione/assorbanza del bianco)] x 100			
Concentrazione (µL)	Estratto d'acqua (±SD)	Estratto di metanolo (±SD)	Estratto DCM/metanolo (±SD)
1000	4.4829 ± 0.013	6.5104 ± 0.044	7.6198 ± 0.085
500	4.2969 ± 0.008	4.9665 ± 0.017	5.2141 ± 0.028
250	3.7016 ± 0.005	4.9200 ± 0.007	3.0187 ± 0.008
125	4.3527 ± 0.005	5.0223 ± 0.024	2.4058 ± 0.024
62.5	4.1388 ± 0.01	6.9289 ± 0.038	8.9645 ± 0.044
31.3	4.5480 ± 0.008	5.6176 ± 0.021	6.1288 ± 0.055
15.6	4.3992 ± 0.01	8.2682 ± 0.059	5.4336 ± 0.044
7.8	9.0681 ± 0.063	7.4498 ± 0.036	4.2444 ± 0.022

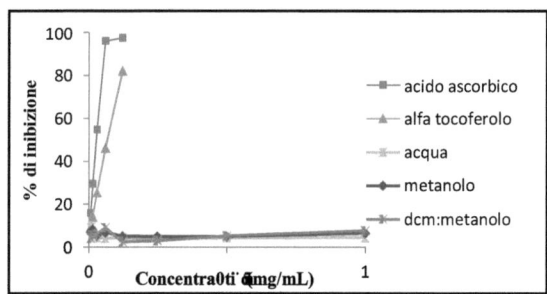

Fig. 3: Percentuale di inibizione che mostra IC50 per acido ascorbico, alfa-tocoferolo, estratto d'acqua, estratto di metanolo e diclorometano: estratto di metanolo.

La tabella 3 ha mostrato le attività antiossidanti di diversi estratti di solventi da *N. articulata*. Gli estratti dei campioni (10 mg), con vari solventi, hanno reagito con il radicale libero DPPH. Tutti i campioni hanno mostrato una bassa attività antiossidante (2,4058-9,0681%). Nessuno dei campioni ha superato il 10% di attività antiossidante di scavenging che ha indicato che le attività antiossidanti di scavenging di   *N. articulata* erano carenti. Inoltre, la concentrazione per tre campioni non può essere determinata poiché il grafico della figura 3 non ha superato il 50% dell'inibizione.

Secondo Manduzio et al. (2005) sullo stress ossidativo nei molluschi, il livello di malondialdeide (MDA) è aumentato da $4,48 \pm 0,24$ nmol/mg a $7,58 \pm 0,38$ nmol/mg dopo 168 ore di anossia. Nelle cellule della ghiandola digestiva, il livello di MDA è aumentato più di tre volte (da $2,7 \pm 0,14$ nmol/mg a $8,48 \pm 0,43$ nmol/mg). Questa statistica ha mostrato che il livello di perossidazione lipidica era quasi lo stesso nella *Nerita articolata*.

Sono stati proposti numerosi metodi e modifiche per valutare l'attività antiossidante e per spiegare il funzionamento degli antiossidanti. Di questi, il test DPPH, la capacità di riduzione, la chelazione degli ioni metallici e il test di quenching delle specie di ossigeno attivo sono i più comunemente usati per la valutazione delle attività antiossidanti degli estratti (Nadezhda, 2008). Il massimo di assorbimento di un radicale DPPH stabile in metanolo era a 517 nm. La diminuzione dell'assorbanza del radicale DPPH causata dagli antiossidanti, a causa della reazione tra le molecole antiossidanti e il radicale, progredisce, il che risulta nello scavenging del radicale per donazione di idrogeno. Si nota visivamente come decolorazione da viola a giallo.

Saggio del tiocianato ferrico (FTC)

Il saggio del tiocianato ferrico (FTC) ha determinato la quantità di perossido prodotto durante le fasi iniziali dell'ossidazione che sono i prodotti primari dell'ossidazione, e rappresenta la condizione *in vivo*. Rispetto al test DPPH, il radicale libero DPPH era un radicale sintetico o *in vitro*, il che significa che non esiste nel corpo umano. Questo test era significativo perché rappresentava ciò che accadeva nel corpo umano. Gli estratti grezzi che mostravano un carattere antiossidante di spazzino di radicali liberi non significava che avrebbero funzionato correttamente nel corpo umano. C'era la possibilità che i composti diventassero pro-ossidanti dopo aver scavenging i radicali. Pro-ossidante era lo stato in cui l'antiossidante stesso diventava radicale libero e causava direttamente la propagazione della reazione a catena. Se il grezzo ha inibito altamente in questo saggio FTC, il composto potrebbe essere considerato sicuro per essere consumato.

La miscela di reazione di acido linoleico, etanolo, tampone fosfato e antiossidante (campione e standard) è stata incubata a 40 °C, e il valore del perossido è stato misurato dall'assorbanza a 500 nm dopo la reazione tra $FeCl_3$ e tiocianato. In questo test, l'acido linoleico (RCOOH) è stato ridotto da Fe^{2+} a radicale libero (RO-), mentre lo stesso ione ferroso subisce il processo di ossidazione a Fe^{3+}. Poi, lo ione Fe^{3+} reagisce con lo ione tiocianato (SCN)$^-$ per dare il complesso $Fe(SCN)_3$ come un colore rosso brillante. L'intensità dell'assorbanza del complesso $Fe(SCN)_3$ è stata misurata dallo spettrofotometro. I bassi valori di assorbanza corrispondenti ad un'alta percentuale di inibizione indicano quindi che il campione potrebbe inibire la perossidazione lipidica. I bassi valori di assorbanza corrispondenti a un'alta percentuale di inibizione, indicano quindi che il campione potrebbe inibire la perossidazione lipidica (Deny et al., 2006).

Gli effetti antiossidanti dell'estratto di specie *Nerita* e della vitamina E sulla perossidazione dell'acido linoleico sono stati studiati, e i risultati sono stati presentati nella tabella 3 e nella figura 4.

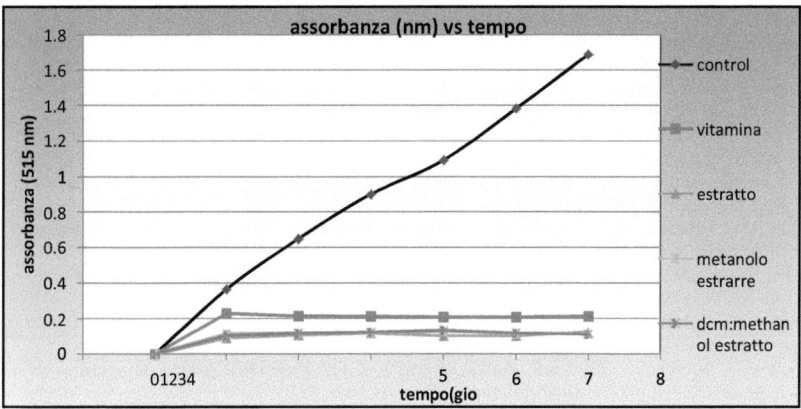

Figura 4: Assorbanza degli estratti alla concentrazione di 4 mg/mL con il metodo FTC. I risultati sono di misurazioni duplicate

Gli intervalli di assorbanza registrati per il campione, la vitamina E e il controllo erano 0,0629 ± 0,003 - 0,1269 ± 0,001,
0,000 - 2,113 e 0,1692 ± 0,001 - 0,2084 ± 0,002, rispettivamente. Dal grafico che mostra l'assorbanza di tutti i campioni è aumentata con il tempo. Il test è stato interrotto dopo la riduzione dell'assorbanza. Il grafico ha mostrato una forte inibizione della perossidazione lipidica da parte degli estratti del campione *Nerita*. Il grafico del campione era al di sotto del grafico della vitamina E, il che significa che il campione era più forte inibizione della vitamina
E. Inoltre, tutte le percentuali di inibizione dell'estratto grezzo erano vicine anche al di sotto del grafico della vitamina E, il che significa che i campioni contenevano un forte inibitore della perossidazione lipidica (Figura 4).

Ogni estratto ha mostrato una forte attività antiossidante nell'inibizione della perossidazione dell'acido linoleico ad una concentrazione di 4 mg/ml, rispetto al controllo ($p < 0,05$), e ha significativamente prolungato il periodo di induzione dell'auto-ossidazione dell'acido linoleico. Dai risultati della FTC, l'inibizione percentuale della perossidazione nel sistema dell'acido linoleico da parte di 10 mg di acqua, metanolo e DCM: gli estratti di metanolo sono risultati essere 92,66 ± 0,02%,
93.19 ± 0.003% e 93.4932 ± 0.007% rispettivamente agli otto giorni di test. Questi valori erano significativamente ($p < 0,05$) superiori a quelli esibiti da 1 mg di α-tocoferolo (87,5%). Un rapporto simile di Xiu et al. (2019), ha trovato che anche l'estratto di mollusco, *Tergillarca granosa* inibisce fortemente la perossidazione lipidica.

CONCLUSIONE
Sulla base dei risultati di questo studio ha indicato che *N. articulata* ha una significativa attività antiossidante. I dati sulle procedure di estrazione e la valutazione dell'attività antiossidante ottenuta dagli estratti DCM: metanolo, metanolo e acqua, hanno suggerito che *N. articulata* è una fonte promettente per isolare i composti antiossidanti naturali. Si può concludere che tutti gli estratti possono essere utilizzati come fonte accessibile di antiossidanti naturali con conseguenti benefici per la salute. Tuttavia, si suggerisce di condurre ulteriori studi per garantire le proprietà medicinali dei gasteropodi

insieme ad altre bioattività come l'attività antinfiammatoria, citotossica, antitumorale, antimalarica, analgesica, antiallergica e antiipertensiva.

RIFERIMENTI

Anand, P.T., Chellaram, C., Kumaran, R. e Shanthini, C. F. (2010). Composizione biochimica e attività antiossidante della *carne Pleuroploca trapezio*. J. Chem. Pharm. Res., 2: 526-535.

Brand-Williams, W., Cuvelier, M. E., and Berset, C. (1995) Uso di un metodo dei radicali liberi per valutare l'attività antiossidante. *LWT-Food* Science and Technology. 28(1): 25–30.

Benkendorff, K., C.M. McIver e C.A. Abbott (2011). Bioattività del rimedio omeopatico murex e degli estratti di un mollusco murcido australiano contro le cellule tumorali umane. Evidence-Based Complementary and Alternative Medicine, ID articolo 879585, 12 pagine. https://doi.org/10.1093/ecam/nep042

Bhakuni, D. S. e Rawat, D. S. (2005). Prodotti naturali marini bioattivi. Springer, New York e Anamaya Publishers, New Delhi, India. p 26-63.

Bouchet, P. & J.-P. Rocroi (2005). Classificazione e nomenclatore delle famiglie di gasteropodi. Malacologia 47: 1-397.

Chellaram, C. e Edward. J. K. P. (2009). Antinociceptive attività di corallo associato Gastropod, *Drupa margariticola*. Int. J. Pharmacol., 5: 236-239.

Defer, D., N. Bourgnon e Y. Fleury (2009). Screening di attività antibatteriche e antivirali in tre molluschi marini bivalvi e due gasteropodi. Acquacoltura. 293: 1-7.

Deny Susanti, Hasnah M. Sirat, Farediah Ahmad, Rasadah Mat Ali, Norio Aimi, Mariko Kitajima (2007). Flavonoidi antiossidanti e citotossici dai fiori di Melastoma malabathricum L. Food Chem. 107(3) 710-716

Houssen, W. E. e Jaspars, M. (2005). Natural Products Isolation, Second Edition, Methods in Biotechnology, Humana Press, 20, 353-390.

Huang, D. J., Chen, H. J., Lin, C. D. &Lin, Y. H. (2005). Attività antiossidanti e antiproliferative di spinaci d'acqua (Ipomoea acquatica Forsk) costituenti. *Bot. Bull. Acad. Sin.* 46, 99-106.

Malve, H (2016). Esplorare l'oceano per nuovi sviluppi di farmaci: farmacologia marina. J. Pharm. Bioallied Sci. 8(2): 83-91. Doi: 10.4103/0975-7406.171700

Molyneux, P. (2004). L'uso del radicale libero stabile difenilpicrylhydrazyl (DPPH) per la stima dell'attività antiossidante. Songklanakarin. *J. Sci. Technol.* 26, 211-219.

Xiu, R. Y., Yi, . Q., Yu, Q. Z., Chang, F. C. e Wang, B. (2019). Purificazione e caratterizzazione del peptide antiossidante derivato dall'idrolizzato proteico del mollusco bivalve marino Tergillarca granosa. Mars Drugs. 17(5), 251-266.

Nagash, Y.S., R.A Nazeer, e N.S. Sampath Kumar (2010). Attività antiossidante in vitro di estratti di solventi di molluschi (Loligo duvauceli e Donax strateus) dall'India. Mondo J. Fish. Mar. Sci, 2: 240-245. Rahman, M. M., Islam, M. B., Biswas, M. e Alam, A. H. M. K. (2015). In vitro antiossidante e attività di scavenging dei radicali liberi di diverse parti di Tabebuia pallida che cresce in Bangladesh. BMC Res.

Note. 8: 621. DOI 10.1186/s13104-015-1618-6

Siraprapha, P., Soranan, W. e Pobporn, T. (2016). Fauna di molluschi nell'estuario della mangrovia di Bang Taboon, Golfo interno della Thailandia: Implicazioni per la conservazione e l'uso sostenibile delle risorse costiere: p. 1-5. MATEC Web of Conferences. CCBS 2016.

Sies H (1997). Stress ossidativo: ossidanti e antiossidanti. *Exp Physiol* 82 (2): 291-295.

Siong Kiat Tan e Reuben Clements (2008) Tassonomia e distribuzione dei Neritidae (Mollusca: Gastropoda) a Singapore. Studi Zoologici 47(4): 481-494.

Soler-Rivas, C., Espin, J.C. e H.J. Wichers (2000). Un test facile e veloce per confrontare la capacità totale di scavenger dei radicali liberi degli alimenti. *Phytochem. Anal.* 11, 330-338.

Solé, M., Porte, C., Albaigés, J. (1994) Componenti del sistema di ossigenasi a funzione mista ed enzimi antiossidanti in diversi bivalvi marini: la sua relazione con i carichi corporei di contaminanti. Aquat Toxicol 30:271-283

Tan, S. K. e Clements, R. (2008) Tassonomia e distribuzione dei neritidi (Mollusca: Gastropoda) a Singapore.

Tinu, Odeleye, William Lindsey e White, Jun Lu (2019). Tecniche di estrazione e potenziali benefici per la salute dei composti bioattivi dai molluschi marini: una recensione. Journal of Food Function. 22:10(5):2278-2289.

Subhapradha, N., Ramasamy, P., Sudharsan, S., Seedevi, P., Moovendhan, M., Dharmadurai, D., Vasanth Kumar, S., Vairamani, S. e Shanmugam, A. (2013) Potenziale antiossidante di estratto metanolico grezzo dal tessuto del corpo intero di *Bursa spinosa*. Atti della conferenza nazionale-USSE- 2013, TBML College, Porayar-609307, Nagai-Dt, Tamil Nadu, India meridionale. 163-167.

Batteri resistenti ai metalli pesanti dal sedimento marino di Pantai Balok, Pahang, Malesia

Munira Haniff1, Zaima Azira Zainal Abidin1*

1Dept. of Biotechnology, Kulliyyah of Science, International Islamic University Malaysia

Autore corrispondente: zzaima@iium.edu.my

ABSTRACT

L'inquinamento da metalli pesanti, in particolare nelle acque costiere, è diventato un problema di grave preoccupazione internazionale. L'inquinamento da metalli pesanti non solo influisce sulla qualità dell'acqua e del suolo, ma colpisce anche gli animali e le piante così come i microrganismi che abitano la zona costiera. Questo studio mirava all'isolamento di batteri resistenti ai metalli pesanti dal sedimento marino di Pantai Balok come un tentativo di valutare il possibile inquinamento da metalli pesanti presente in quell'area, nonché alla ricerca di potenziali candidati per scopi di bioremediation. Un totale di 33 isolati sono stati ottenuti e sottoposti a test di resistenza ai metalli pesanti utilizzando i seguenti metalli pesanti - cromo (Cr), nichel (Ni), rame (Cu), cobalto (Co), cadmio (Cd). I risultati hanno rivelato che quasi tutti gli isolati hanno mostrato alta tolleranza verso Cr, Ni, Co e Cu ma bassa tolleranza verso Cd. Profilo di resistenza ai metalli pesanti associati con Pantai Balok era nel seguente ordine: Cr > Ni > Co > Cu > Cd. Cinque isolati vale a dire PB1, PB9, PB17, PB18, e PB 33 esposto forte modello di resistenza ai metalli pesanti e le loro identità sono state determinate utilizzando il sequenziamento del gene 16S rRNA. PB1 era strettamente legato a *Stenotrophomonas maltophilia* (99%) mentre PB9 a *Staphylococcus pasteuri* (98%). Gli isolati PB17 e PB18 erano altamente simili a *Bacillus pumilus* (99%) e *Bacillus sp.* (99%) rispettivamente mentre PB33 è *Pseudomonas aeruginosa* (99%). La presenza di batteri resistenti ai metalli pesanti può indicare la presenza di inquinamento da metalli pesanti nelle acque costiere di Pahang e può rappresentare un potenziale rischio per la salute del pubblico.

Parole chiave: Resistente ai metalli pesanti, batteri, sedimento marino, gene 16S rRNA

INTRODUZIONE

L'espansione delle attività di urbanizzazione al giorno d'oggi ha reso la zona costiera una condizione malsana in cui numerose sostanze chimiche come i metalli pesanti e i pesticidi sono stati utilizzati e scaricati nella zona costiera. I metalli pesanti sono una delle principali fonti di inquinamento ambientale a causa dei suoi effluenti di scarico nell'ambiente da un enorme numero di attività industriali come la lavorazione dei metalli, l'estrazione mineraria e altri (Yang et al. 2018; Yamina et al. 2012). Il metallo pesante è qualsiasi metallo o metalloide di preoccupazione ambientale che ha anche elementi chimici tossici e i loro composti chimici deviati. Ha criteri di densità che vanno da oltre 3,5 g/cm3 a oltre 7 g/cm3 (Nies 1999). Tuttavia, è ancora innegabile che alcuni di questi metalli pesanti sono necessari per la vita, come il rame, il ferro e lo zinco. Tuttavia, altri metalli pesanti come arsenico, cadmio, mercurio e argento non hanno alcun ruolo biologico negli organismi, e sono dannosi anche a concentrazioni molto basse (Alam et al. 2011). In un ambiente acquatico, i metalli pesanti tendono ad accumularsi nei sedimenti. Poiché i metalli pesanti vengono scaricati rapidamente nell'ambiente, si associano con le particelle e alla fine si depositano sul fondo dei sedimenti (Chapman et al. 1998). Inoltre, l'inquinamento da metalli pesanti nell'ambiente marino sta diventando una preoccupazione a causa della sua capacità di accumularsi nella catena alimentare. Inoltre, molte attività umane hanno portato all'accrescimento di metalli nell'ambiente e infine vengono accumulati attraverso la catena alimentare e portano a gravi problemi sanitari ed ecologici (Mohammadi et al. 2019; Vareda et al. 2019; Hou et al. 2018; Deng e Wang 2012).

I microrganismi sono molto sensibili a basse concentrazioni di metalli pesanti, tuttavia, a causa di alcune condizioni specifiche dell'habitat possono rapidamente cercare di adattarsi a questi cambiamenti e diventare resistenti a un alto contenuto di metalli pesanti (Nithya e Pandian, 2009). I microrganismi rispondono ai metalli pesanti con varie operazioni, tra cui il trasporto attraverso la membrana cellulare, biosorbimento alle pareti cellulari e intrappolamento in extracellulare

capsule, precipitazione, complessazione, reazioni di ossido-riduzione, produzione di colture extracellulari, sequestro intracellulare, pompe di efflusso del metallo e biomineralizzazione (Álvarez et al. 2013; Schütze e Kothe 2012). La capacità dei microrganismi di sopravvivere e riprodursi in un habitat contaminato da metalli dipende dall'adattamento genetico o fisiologico come i batteri di resistenza ai metalli pesanti è comunemente codificato da geni o plasmidi e trasposoni e possono regolarmente trasferibili intergenericamente, interspecificamente da microflora in situ a microflora indigena (Malik e Aleem 2011). Esempi di geni di resistenza ai metalli pesanti (MRG) includono i geni di resistenza al rame (*copA*, *copB*, *pcoA*, *pcoC* e *pcoD*), i geni di resistenza all'arsenico (*arsB* e *arsC*), il gene di resistenza al nichel, piombo e cromo *(nccA*, *pbrT* e *chrB* rispettivamente) (Chen et al. 2019).

Pantai Balok è una famosa spiaggia che si trova nel Mar Cinese Meridionale ed è considerata una delle attrazioni per i turisti in Pahang insieme a Teluk Chempedak e Pantai Batu Hitam. Tuttavia, è stato evidenziato che l'area costiera è stata inquinata con lo scarico di rifiuti e mal monitorata. Le attività antropogeniche come l'uso del terreno per lo sviluppo nella zona costiera, gli effluenti di rifiuti domestici e industriali non trattati, gli incidenti di fuoriuscita di petrolio o lo scarico illegale di effluenti di petrolio possono contribuire all'inquinamento marino della costa dello stato di Pahang. Lo stato dei batteri resistenti ai metalli pesanti nei sedimenti di Pantai Balok è relativamente sconosciuto in quanto nessuno studio è stato condotto in questa zona. Quindi, questo studio fornisce una visione dei batteri resistenti ai metalli pesanti presenti nel sedimento marino di Pantai Balok. Inoltre, l'identificazione di batteri resistenti ai metalli pesanti può essere utilizzato come indicatori biologici di contaminazione da metalli pesanti e candidati per l'applicazione bioremediation in futuro.

MATERIALI E METODI
Raccolta di campioni di sedimento
I campioni di sedimenti marini sono stati raccolti utilizzando una pinza Ponar nella zona della spiaggia di Balok in tre diverse stazioni: Stazione 1, Stazione 2 e Stazione 3. La tabella 1 descrive le coordinate, la profondità e il pH dell'area di campionamento. Ogni stazione era situata a 30 m di distanza l'una dall'altra. Tutti i campioni di sedimento raccolti sono stati trasferiti in un sacchetto di plastica in polietilene sterilizzato e trattati immediatamente.

Tabella 2.1: Stazione di campionamento e coordinate dell'area di Pantai Balok

Posizione	Coordinate	Profondità	pH
Stazione 1	N 03' 55.768 E 103' 23.395	4.2 m	6.9
Stazione 2	N 03'56.115 E 103'23.536	3.4 m	6.0
Stazione 3	N 03'56.397 E 103'23. 660	3.4 m	6.6

Isolamento di batteri da campioni di sedimenti marini
I batteri dai campioni di sedimenti sono stati isolati utilizzando la tecnica della piastra di diffusione (Zainal Abidin et al. 2018). Un grammo di campioni di sedimenti è stato mescolato con 10 ml di soluzione salina. Poi, i campioni omogeneizzati sono stati diluiti in serie (da 10-2 a 10-5) e 100 µl di ogni diluizione sono stati piastrati su agar nutriente in duplicato. I campioni piastrati sono stati poi incubati per 48 ore a 37°C. Dopo l'incubazione, le rispettive colonie sono state purificate su agar nutritivo. La colorazione di Gram è stata eseguita su tutti gli isolati e le loro caratteristiche morfologiche sono state registrate.

Test di resistenza ai metalli pesanti
La resistenza ai metalli pesanti dei ceppi batterici ottenuti è stata determinata utilizzando Mueller Hinton agar integrato con varie concentrazioni di cinque diversi metalli pesanti (Cd_2+, Cu_2+, Cd_2+, Co_2+, Ni_2+) in forma di sali di cloruro. La concentrazione iniziale del metallo pesante era a 20 µg/ml e la concentrazione dei metalli pesanti è stata gradualmente aumentata a 10 µg/ml fino a quando gli isolati non sono riusciti a crescere. La concentrazione minima inibitoria (MIC) è stata notata quando gli isolati non sono riusciti a crescere sulle piastre anche dopo un massimo di 5 giorni di incubazione. Il test è stato condotto in doppio.

Reazione a catena della polimerasi (PCR) amplificazione del gene 16S rRNA
Gli isolati che mostrano la capacità di resistenza ai metalli pesanti sono stati sottoposti a identificazione molecolare utilizzando la sequenza del gene 16S rRNA. Il DNA genomico degli isolati è stato estratto utilizzando il kit di estrazione del DNA batterico GF-1 (Vivantis) seguendo i protocolli del produttore. L'amplificazione PCR del gene 16S rRNA è stata condotta utilizzando il seguente set di primer: 27F 5'-AGAGTTTGATCCTGGCTCAG-3' e 1492R 5'- GGTTACCTTGTTACGACTT-3'. Le reazioni di PCR sono state eseguite in un volume finale di 50 µl composto da 200 ng di DNA template, 25 µl di MyTaq™ Mix 2X (Bioline, UK) e 0,4 µM di primer nelle seguenti condizioni: denaturazione iniziale a 94°C per 5 min, seguita da 30 cicli di 94°C per 30 s, 55°C per 60 s e 72°C per 4 min; ed estensione a 72°C per 10 min. I prodotti di amplificazione sono stati confermati utilizzando un gel di agarosio all'1% e inviati al [1st] Base Laboratory, Malesia, per la purificazione e il sequenziamento. Le sequenze del gene 16S rRNA risultanti sono state verificate manualmente e modificate utilizzando l'editor di allineamento di sequenze BioEdit. L'analisi delle sequenze nucleotidiche parziali degli isolati è stata effettuata tramite lo strumento di ricerca GenBank BLASTn.

RISULTATI E DISCUSSIONE
In totale, 33 isolati sono stati ottenuti da 3 punti di campionamento e la maggior parte (~75%) degli isolati apparteneva a batteri Gram negativi (Tabella 2). La maggior parte delle colonie batteriche sono state trovate di colore bianco e crema con pochi isolati che mostravano altri colori come pesca, giallo e arancione. La morfologia delle colonie e la colorazione di Gram di isolati rappresentativi di ciascun punto di campionamento sono illustrate nelle figure 1-3.

Tabella 2.2: Distribuzione dei batteri Gram positivi e Gram negativi secondo i punti di campionamento

Posizione	Batteri Gram positivi	Batteri gram negativi
Punto 1	10	3
Punto 2	9	3
Punto 3	6	2
Totale	**25**	**8**

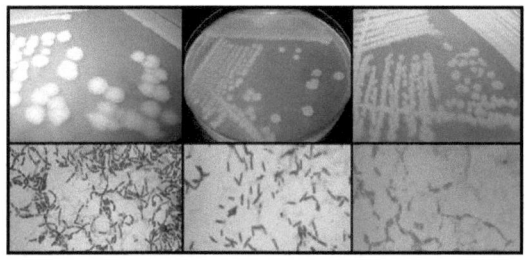

Fig. 1: Isolati rappresentativi del punto 1

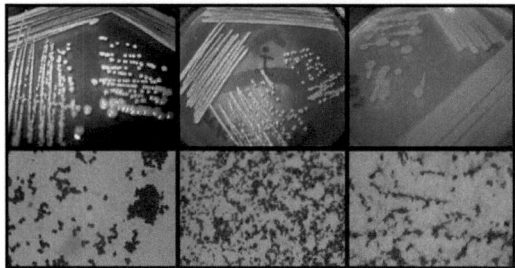

Fig. 2: isolati rappresentativi del punto 2

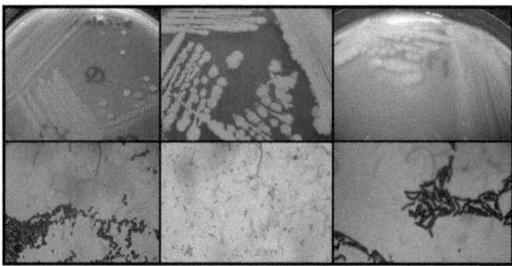

Fig. 3 Isolati rappresentativi del punto 3

In questo studio, tutti gli isolati sono risultati avere MIC > 450 μg/ml per Cr, indicando che questi batteri possedevano una forte tolleranza verso Cr (Tabella 3). Alcuni studi hanno dimostrato che alcuni dei batteri isolati possono tollerare una concentrazione di Cr fino a 1.000 μg/ml (Sair e Khan 2017; Yamina et al. 2012). Per quanto riguarda il Ni, quasi tutti gli isolati hanno mostrato MIC > 450 μg/ml tranne PB5 e PB24, per i quali la MIC per entrambi gli isolati era di 450 μg/ml. Due terzi degli isolati hanno mostrato MIC > 450 μg/ml per il Co, mentre le MIC per il resto degli isolati erano nell'intervallo di 200 - 400 μg/ml. La maggior parte degli isolati (72,7%) ha registrato MIC > 450 μg/ml per Cu mentre il resto era nell'intervallo di 100 - 400 μg/ml. I batteri resistenti ai metalli pesanti sono considerati gli indicatori biologici della contaminazione da metalli pesanti di una particolare località. Inoltre, tali batteri contribuiscono potenzialmente al ciclo biogeochimico del metallo pesante nell'ambiente. Alta tolleranza a Cr, Ni, Cu e Co dalla maggior parte degli isolati batterici può suggerire la possibilità di contaminazione da questi metalli pesanti si è verificato in Pantai Balok. Il fatto che Gebeng zona industriale a pochi chilometri da Pantai Balok può anche essere un fattore che contribuisce a questa osservazione. Insolita resistenza al Cr può riguardare la contaminazione da Cr in quella particolare area. Il Cr è ampiamente utilizzato nell'industria come placcatura, leghe, concia di pelli animali, coloranti tessili e mordenti e queste attività hanno di conseguenza portato ad una maggiore contaminazione ambientale di Cr (Oliveira 2012).La presenza di Ni nel sedimento marino di Pantai Balok può essere legata a effluenti industriali, applicazione di fertilizzanti, irrigazione di acque reflue e fanghi di depurazione. Un'alta concentrazione di Ni porterà ad un alto numero di ceppi resistenti al nichel nella comunità batterica che abita il sedimento marino (Mengoni et al. 2001). L'inquinamento da Co può essere attribuito all'emissione di composti di cobalto durante la combustione del carbone fossile e le industrie petrolifere, petrolchimiche, metallurgiche e ceramiche hanno portato a un sostanziale accumulo di Co nei sedimenti marini (Kosiorek e Wyszkowski 2019). La contaminazione da Cu si è verificata di solito a causa dell'applicazione di input agricoli a causa del fatto

che Cu è un micronutriente essenziale importante per la crescita delle piante in particolare nella resistenza alle malattie e la produzione di semi (Wuana e Okiemen 2011). I risultati ottenuti da questo studio hanno anche indicato più capacità di resistenza ai metalli pesanti di questi batteri. Batteri resistenti a particolare metallo pesante potrebbe anche acquisire resistenza ad altri metalli pesanti. In precedenza, Cr (VI) batteri resistenti dai siti contaminati Cr- alto stavano anche mostrando resistenza a Cr (III), Ni, Zn, Cu, Cd e Hg (Alam et al., 2011; Verma et al., 2001). Allo stesso modo, un'indagine sull'abbondanza di geni di resistenza ai metalli (MRG) in un'area della diga di scarico del rame ha trovato la presenza di più MRG pesanti che sono codificati da *czcA*, *czcC*, e *czcD* (Chen et al. 2019). Ci sono due diversi meccanismi di co-selezione regolano per la resistenza multipla di metalli pesanti che includono co-resistenza dove geneticamente legati diversi fattori di resistenza trasferiscono contemporaneamente e resistenza incrociata in cui lo stesso fattore è responsabile della resistenza a più di un composto strutturalmente dissimile (Baker-Austin et al., 2006).

Anche se quasi tutti gli isolati hanno mostrato un'alta tolleranza verso Cr, Ni, Co e Cu, questi isolati tuttavia hanno mostrato una bassa tolleranza verso il Cd. Le MIC più alte registrate per il Cd erano 300 µg/ml e 280 µg/ml dagli isolati PB17 e PB33. La più bassa MIC registrata è stata di 70 µg/ml da 3 isolati (PB7, PB8, P23) mentre le MIC per il resto degli isolati erano nell'intervallo 100 -140 µg/ml. Un'osservazione simile è stata riportata anche da Zainal Abidin e Chowdhury (2018) in Teluk Chempedak e Pantai Batu Hitam, entrambi situati sulla costa di Pahang. Il Cd è ampiamente applicato in molte industrie come le vernici, la galvanoplastica e le leghe di rame, la pasta di legno e la carta, le batterie alcaline e l'estrazione mineraria, i fertilizzanti e la raffinazione dello zinco (USEPA 2000). Poiché tutti gli isolati hanno mostrato una bassa tolleranza al Cd, questa osservazione può indicare che Pantai Balok non è inquinato da Cd. Il modello di resistenza associato a Pantai Balok, Pahang era nella forma di Cr > Ni > Co > Cu > Cd.

Tabella 3: MIC del metallo pesante in µg/ml

Isolare	Cromo (µg/ml)	Cobalto (µg/ml)	Rame (µg/ml)	Cadmio (µg/ml)	Nichel (µg/ml)
PB1	>450	>450	>450	140	>450
PB2	>450	250	400	120	>450
PB3	>450	250	>450	120	>450
PB4	>450	400	>450	140	>450
PB5	>450	300	>450	130	450
PB6	>450	>450	250	100	>450
PB7	>450	>450	>450	70	>450
PB8	>450	>450	>450	70	>450
PB9	>450	>450	>450	140	>450
PB10	>450	250	>450	100	>450
PB11	>450	250	>450	120	>450
PB12	>450	450	>450	120	>450
PB13	>450	400	>450	100	>450
PB14	>450	>450	100	100	>450
PB15	>450	>450	>450	100	>450
PB16	>450	>450	>450	120	>450
PB17	>450	>450	>450	300	>450
PB18	>450	>450	>450	140	>450
PB19	>450	>450	>450	100	>450
PB20	>450	>450	>450	100	>450
PB21	>450	>450	>450	120	>450
PB22	>450	400	>450	140	>450
PB23	>450	200	150	70	>450
PB24	>450	200	150	100	450
PB25	>450	>450	250	100	>450
PB26	>450	>450	200	100	>450
PB27	>450	>450	>450	100	>450
PB28	>450	>450	>450	100	>450
PB29	>450	>450	300	100	>450
PB30	>450	>450	>450	100	>450
PB31	>450	>450	250	100	>450
PB32	>450	>450	>450	100	>450
PB33	>450	>450	>450	280	>450

Tabella 4: Identità degli isolati che mostrano alta resistenza ai metalli pesanti

Isolare	MIC del metallo pesante in µg/ml					Parente più vicino	Somiglianza (%)
	Cr2+	Co2+	Cu2+	Cd2+	Ni2+		
PB1	>450	>450	>450	140	>450	1Stenotrophomonas maltophilia ceppo SJTH1	99%
PB9	>450	>450	>450	140	>450	Staphylococcus pasteuri ceppo AE4-2	98%
PB17	>450	>450	>450	300	>450	Bacillus pumilus ceppo NCTC10337	99%
PB18	>450	>450	>450	140	>450	Bacillus sp. ceppo C81	99%
PB33	>450	>450	>450	280	>450	Pseudomonas aeruginosa ceppo C-1	99%

L'identificazione molecolare attraverso l'amplificazione PCR del gene 16S rRNA è stata eseguita su 5 isolati
- PB1, PB9, PB17, PB18 e PB33, che hanno tutti mostrato forti profili di resistenza ai metalli pesanti. Tutti e 5 gli isolati hanno dato letture elevate (>450 µg/ml) per Cr, Ni, Co e Cu e 3 isolati (PB1, PB9 e PB18) hanno dato MIC abbastanza bassa per Cd (140 µg/ml) mentre PB33 e PB17 hanno avuto valori MIC per Cd di 300 µg/ml e 280 µg/ml rispettivamente. L'amplificazione PCR del gene 16S rRNA (~1.500 bp) per questi isolati è stata ottenuta con successo e le sequenze parziali del gene 16S rRNA sono state confrontate con il database NCBI (Tabella 4). La sequenza parziale del gene 16S rRNA ha indicato che PB1 era strettamente legato a *Stenotrophomonas maltophilia* con il 99% di somiglianza mentre PB9 è altamente simile a *Staphylococcus pasteuri* (Tabella 4). *Stenotrophomonas maltophilia* è un batterio Gram-negativo e i ceppi di *S. maltophilia* sono distribuiti in modo ubiquitario nell'ambiente, comprese le acque costiere. *S. maltophilia* può causare infezioni nosocomiali in pazienti immunodepressi e sono naturalmente resistenti a molti antibiotici ad ampio spettro come cefalosporine, carbapenemi e aminoglicosidi. Diversi studi hanno riportato l'incidenza di *S. maltophilia* resistente ai metalli pesanti (Baldiris et al. 2018; Raman et al. 2018; Pages et al. 2008), indicando la capacità di resistenza ai metalli pesanti di questo batterio insieme alla resistenza antibiotica. Gli isolati PB17 e PB18 sono risultati appartenere al genere *Bacillus* con PB17 strettamente legato a *B. pumilus* mentre l'isolato PB33 è identificato come *Pseudomonas aeruginosa* sulla base della sequenza parziale del gene 16S rRNA. Questo risultato è in accordo con altri risultati (Zainal Abidin et al. 2020; Dweba et al. 2019; Pereira e Ramaiah 2019; Verma et al. 2017; Fierros-Romero et al. 2016) che hanno dimostrato che *Bacillus* sp., *Pseudomonas* sp. e *Staphylococcus* sp. ceppi possiedono la capacità di resistenza a più metalli. *Bacillus* sp. è un batterio Gram positivo, a forma di bastoncello e può essere isolato da vari ambienti tra cui l'uomo e gli animali. Jayanthi et al. (2016) hanno riportato la presenza di *B. pumilus* assolutamente resistente a una serie di metalli pesanti (Pb, Hg, Cd, Cr. Mn, Zn, Al, Fe). *P. aeruginosa* è un batterio Gram-negativo ampiamente distribuito nell'ambiente, così come in vari organismi viventi ospiti. Inoltre, questo batterio è la causa più prevalente di infezioni opportunistiche negli esseri umani. *P. aeruginosa* mostra comunemente resistenza a più antibiotici e questo batterio è anche noto per avere capacità di resistenza ai metalli pesanti. Per esempio, *P. aeruginosa* ASU 6a isolato da un habitat altamente inquinato da metalli è stato trovato per mostrare un alto grado di tolleranza a Pb2+, Cd2+, Cr6+ e Ni2+ e resistente a diversi antibiotici (Hassan et al. 2008). *S. aureus* è uno degli agenti patogeni più importanti per l'uomo e gli animali. MRSA (Methicillin resistant *S. aureus*) è un noto patogeno, un causa comune nelle infezioni ospedaliere ed è resistente a più antibiotici. La ricerca condotta da Dweba et al. (2019) ha trovato che *S. aureus* isolati sono risultati resistenti ad alta concentrazione di Cd, Zn, Pb e Cu. Tutti i 5 isolati hanno il potenziale per essere utilizzati in applicazioni biotecnologiche e ulteriori indagini sono necessarie per capitalizzare pienamente le loro capacità come strumenti di test biologici in siti contaminati da metalli pesanti e nell'applicazione nel biorisanamento di aree inquinate da metalli pesanti.

CONCLUSIONE
La presenza di batteri con alta tolleranza a Cr, Ni, Co e Cu dal sedimento marino di Pantai Balok può suggerire l'esistenza di contaminazione da metalli pesanti in questo sito. Questi risultati esemplificano l'impatto delle attività umane sugli ambienti marini che possono costituire un rischio per la salute pubblica e rappresentare una minaccia per l'ecosistema marino. Le parti interessate, comprese le comunità locali, potrebbero aver bisogno di imporre il monitoraggio e l'applicazione delle norme nel litorale di Pahang allo scopo di ridurre l'impatto delle attività antropogeniche sugli ecosistemi marini. Inoltre, cinque isolati (PB1, PB9, PB17, PB18 e PB33), che hanno tutti mostrato una forte resistenza ai metalli pesanti, hanno il potenziale per essere impiegati in applicazioni biotecnologiche, in particolare nel biorisanamento di siti inquinati da metalli pesanti.

RIFERIMENTI
Alam M.Z., Ahmad S., Malik, A. (2011). Prevalenza di resistenza ai metalli pesanti in batteri isolati da effluenti di conceria e il suolo interessato, *Environ. Monit. Valutare,* 178: 281-291.

Álvarez, A., Catalano, S.A., Amorosono, M.J. (2013). Ceppi resistenti ai metalli pesanti sono diffusi lungo Filogenesi di *Streptomyces. Filogenetica molecolare ed evoluzione,* 66:1083-1088.

Baker-Austin, C., Wright, M. S. , Stepanauskas, R. , J.V.McArthur, J.V. (2006). Co-selezione di resistenza agli antibiotici e ai metalli. *Tendenze in Microbiologia, 14(4):* 176-182.

Baldiris, R., Acosta-Tapia, N., Montes, A., Hernández, J., Vivas-Reyes, R. (2018). Riduzione del cromo esavalente e rilevamento della cromato-riduttasi (ChrR) in *Stenotrophomonas maltophilia. Molecole,* 23:408 doi:10.3390/molecole23020406

Chapman, P.M. Wang, F. Janssen, C. Persoone G., Allen, H.E. (1998). Ecotossicologia dei metalli nei sedimenti acquatici legame e il rilascio, la biodisponibilità, la valutazione del rischio, e la bonifica. *Can. J. Fish. Aquat Sci.,* 55: 2221-2243.

Chen, J., Li, J., Zhang, H., Shi, W., Liu, Y. (2019). Geni batterici di resistenza ai metalli pesanti e agli antibiotici in un'area di dighe di scarico del rame nella Cina settentrionale. *Front. Microbiol.* 10:1916. doi: 10.3389/fmicb.2019.01916

Deng, X., Wang, P. (2012). Isolamento di batteri marini altamente resistenti al mercurio e il loro processo di bioaccumulo. *Bioresource Technology,* 121: 342-347.

Dweba, C.C., Zishiri, O.T., El Zowalaty, M.E. 8 (2019) Isolamento e identificazione molecolare dei geni di virulenza, antimicrobici e di resistenza ai metalli pesanti in *Staphylococcus aureus* resistente alla meticillina associato a Livestock, *Pathogens,* 1-21.

Fierros-Romero, G., Gómez-Ramírez, M., Arenas-Isaac, G.E., Pless, R.C., Rojas-Avelizapa, N.G. (2016). Identificazione di *Bacillus megaterium* e *Microbacterium liquefaciens* geni coinvolti nella resistenza al metallo e la rimozione del metallo, *Can. J. Microbiol,* 62: 505-513.

Hassan, S., H. A., Abskharon R. N. N., Gad El-Rab, S. M. F., Shoreit A. A. M. (2008). Isolamento, caratterizzazione del ceppo resistente ai metalli pesanti di Pseudomonas aeruginosa isolato da siti inquinati nella città di Assiut, Egitto, *Journal of Basic Microbiology,* 48:168-176.

Hou, S., Zheng, N., Tang, L., Ji, X., Li, Y., Hua, X. (2018). Caratteristiche dell'inquinamento, fonti e valutazione del rischio per la salute dell'esposizione umana all'inquinamento da Cu, Zn, Cd e Pb nella polvere stradale urbana in tutta la Cina tra 2009 e 2018. *Ambiente internazionale,* 128, 430-437.

Jayanthi, B., Emenike C.U., Agamuthu, P., Khanom Simarani, Sharifah Mohamad, Fauziah, S.H. (2016). Diversità microbica selezionata di terreno contaminato discarica della Malesia peninsulare e il comportamento verso l'esposizione ai metalli pesanti, *Catena* 147: 25-31

Malik, A., Aleem, A. (2011). Incidenza di metallo e resistenza agli antibiotici in *Pseudomonas* spp. dall'acqua del fiume, terreno agricolo irrigato con acque reflue e acque sotterranee. *Environ Monit Assess* 178: 293-300.

Mengoni, A. Barzanti, R. Gonnelli, C. Gabbrielli, R. Bazzicalupo, M. (2001). Caratterizzazione di batteri resistenti al nichel isolati da terreni serpentini, *Environ. Microbiol.* , 3, 691–698.

Mohammadi, A.A., Zarei, A., Esmaeilzadeh, M., Taghavi, M., Yuosefi, M., Yousefi, Z., Sedighi, F., Javan, S. (2020) . Valutazione dell'inquinamento da metalli pesanti e valutazione dei rischi per la salute umana nei suoli intorno a una zona industriale in Neyshabur, Iran, *Biol Trace Elem Res,* 195, 343-352

Nies, D.H., 1999. Microbica resistenza ai metalli pesanti. *Appl. Microbiol. Biotechnol.* 51, 730–750.

Nithya, C., Pandian, S. K. (2010). Isolamento di batteri eterotrofi da sedimenti Palk Bay mostrando tolleranza ai metalli pesanti e la produzione di antibiotici. *Ricerca microbiologica,* 165 (7), 578-593.

Pagine, D., Rose, J., Conrod, S., Cuine, S., vettore, P. (2008) tolleranza ai metalli pesanti in *Stenotrophomonas maltophilia. PLoS ONE* 3(2): e1539. doi:10.1371/journal.pone.0001539

Pereira, E.J., Ramaiah N. (2019). Potenziale di detossificazione del cromato di *Staphylococcus sp.,* Isolati da un estuario, *Ecotoxicol.* , 28: 457–466.

Raman, N., Asokan, M., Shobana, S. Sundari, N. (2018). Bioremediation di cromo (VI) da *Stenotrophomonas maltophilia* isolato da effluenti di conceria. *Int. J. Environ. Sci. Technol.* 15: 207–216

Sair A.T., Khan, Z.A. (2017) Prevalenza di resistenza agli antibiotici e metalli pesanti in batteri gram-negativi isolati da fiumi nel nord del Pakistan, *Water Environ. J.*, 32: 51–57.

Schütze, E., Kothe, E. (2012). Interazioni Bio-Geo in terreni contaminati da metalli. In: Kothe, E., Varma, A. (Eds.), *Biologia del suolo* 31. Springer-Verlag, Berlino Heidelberg, pp. 163-182.

USEPA (2000) Introduzione al fitorimedio. United States Environmental Protection Agency, Washington.

Vareda, J.P., Valente, A.J.M., Durães, L. (2019). Valutazione dell'inquinamento da metalli pesanti da attività antropiche e strategie di bonifica: Una recensione. *Journal of Environmental Management,* 246, 101- 118.

Verma, G., Christy, N., Veer, C. (2017). Isolamento e caratterizzazione di Pseudomonas stutzeri come batteri tolleranti al piombo da corpi idrici di Udaipur, India utilizzando la tecnica di sequenziamento 16S rDNA, J. *Pure Appl. Microbiol.*, 11: 975-979

Wuana, R. A., Okieimen, F. E. (2011). Metalli pesanti nei suoli contaminati: una revisione delle fonti, la chimica, i rischi e le migliori strategie disponibili per la bonifica. *ISRN Ecologia, 2011.*

Yamina, B., Tahar, B., & Laure, F. M. (2012). Isolamento e screening di batteri resistenti ai metalli pesanti da acque reflue: Uno studio di co-resistenza ai metalli pesanti e resistenza agli antibiotici. *Scienza e tecnologia dell'acqua: A Journal of the International Association on Water Pollution Research,* 66(10), 2041-8.

Yang, Q., Li, Z., Lu, X., Duan, Q., Huang, L., Bi, J. (2018). Una revisione dell'inquinamento da metalli pesanti del suolo dalle regioni industriali e agricole in Cina: Inquinamento e valutazione del rischio. *Scienza dell'ambiente totale,* 642, 690-700.

Zainal Abidin, Z.A., Chowdhury, A.J.K. (2018). Metalli pesanti e batteri di resistenza agli antibiotici nel sedimento marino dell'acqua costiera di Pahang. *J. CleanWAS*, 2(1): 20-22.

Zainal Abidin, Z.A., Badaruddin, P.N.E., Chowdhury, A.J.K. (2020) Isolamento di batteri resistenti ai metalli pesanti dal sedimento del lago di IIUM, *Kuantan Desalinizzazione e trattamento delle acque* 188: 431-435.

TOLLERANZA ALLA SALINITÀ E PERFORMANCE DI CRESCITA DI

SEABASSO ASIANO (Lates calcarifer) JUVENILES

Kim Seng, Tan1, Mohammad Tajuddin Abd Manaf1, Najiah Musa1, Kok Leong, Lee1, Nadirah Musa1* *1Facoltà di pesca e scienze alimentari, Universiti Malaysia Terengganu, 21030 Kuala Nerus, Terengganu*
autore corrispondente: nadirah@umt.edu.my

ABSTRACT
Lo studio attuale mira a determinare la tolleranza e i tassi di crescita del novellame di spigola asiatica sottoposto a diverse gamme di salinità dell'acqua, cioè 0, 5, 10, 15, 20, 25 e 30ppt. I pesci sono stati anche sottoposti allo studio delle prestazioni di crescita per 15 giorni. Nessuna mortalità è stata osservata durante il periodo sperimentale. Una performance di crescita significativamente più alta di guadagno di lunghezza totale (TLG), guadagno di peso totale (TWG) e tasso di crescita specifico (SGR) sono stati osservati a 0 e 25 ppt con 6.16 e 8.08%; 29.94 e 26.92% e 1.72 e 1.58%, rispettivamente. Nel complesso, il novellame di spigola asiatica allevato a 0 ppt di salinità per 15 giorni ha raggiunto un valore migliore di TWG e SGR rispetto a 25 ppt. Pertanto, la manipolazione dei livelli di salinità può essere utile per la gestione dell'incubatoio al fine di aumentare la sopravvivenza e la produzione di spigole asiatiche.

Parole chiave: *Lates calcarifer*; tolleranza alla salinità; performance di crescita

INTRODUZIONE
Negli ultimi decenni, il settore della pesca ha un grande potenziale per fornire un'importante fonte di proteine alla popolazione malese. Secondo la FAO (2018), la produzione totale della pesca del paese ammontava a 1,7 milioni di tonnellate con un valore totale dei guadagni delle esportazioni di 714,1 milioni di dollari nel 2017. In generale, la pesca può essere divisa in due componenti principali, i) la pesca di cattura marina, e; ii) l'acquacoltura. Tuttavia, la pesca di cattura è il settore che contribuisce maggiormente agli sbarchi di pesce che ha creato l'88,3% della produzione totale nel 2007, mentre il resto proviene dall'acquacoltura (FAO, 2018).

La spigola asiatica, *Lates calcarifer* localmente conosciuta come "ikan siakap" è un membro tropicale e sub-tropicale della famiglia Latidae dell'ordine Perciformes (Shadrin e Pavlov, 2015). Questo pesce è ampiamente distribuito in tutta la regione del Pacifico indo-occidentale dal Golfo Arabico alla Cina meridionale, Papua Nuova Guinea e Australia settentrionale (Nelson, 1994). Il prezzo della spigola asiatica sul mercato locale è salito fino a RM16 al chilogrammo. La domanda di spigola asiatica è considerata alta ed è uno dei pesci più popolari tra i malesi grazie alla sua consistenza fine e alla gustosa carne bianca.

Lates calcarifer si riproduce tutto l'anno in natura, con la stagione di punta che si verifica da aprile ad agosto. Il pesce adulto è un carnivoro vorace, ma i giovani sono onnivori (Kungvankil et al., 1985). Sembra che richiedano acqua salata durante la stagione riproduttiva, ma le larve possono essere trovate anche in acqua dolce. Le larve metamorfosano in avannotti a 8-10 mm che possono essere riconosciuti facilmente dal cambiamento di colore delle larve di pesce da scuro a brunastro e la comparsa di strisce laterali distinte (Dhert, Laven & Sorgeloos, 1992); e più tardi passano allo stadio di fingerling a 2 o 3 settimane di età (20 mm).

L'acquacoltura, specialmente quella di pesci d'acqua salmastra in Malesia, ha un potenziale di sviluppo. Come tale, il branzino asiatico è un importante pesce costiero, estuarino e d'acqua dolce è stato l'obiettivo di specie di cultura per gli allevatori locali a causa del suo alto valore di mercato e del suo rapido tasso di crescita (FAO, 2018). Tuttavia, il successo della produzione di semi parte dalla disponibilità di broodstock sani e dalla consistenza dell'alta qualità della produzione di semi di massa. Tuttavia, attualmente, la qualità del seme di spigola asiatica è incoerente, mentre è stata riportata una fornitura inadeguata di seme sia dall'ambiente naturale che dall'acquacoltura (Nammalwar e Marichamy, 1998).

Vari processi fisiologici nei pesci come il metabolismo, l'osmoregolazione e il bioritmo sono influenzati dalla salinità dell'acqua. Oltre a ciò, la salinità influenza la distribuzione, la crescita e il tasso di sopravvivenza dello sviluppo dei pesci (Varsamos et al., 2005). I pesci ossei possono mantenere la salinità ambientale dei loro fluidi corporei nell'omeostasi ionica e osmotica attraverso processi che richiedono energia dei meccanismi osmoregolatori (Sampaio e Bianchini, 2002). La crescita è il risultato netto positivo dell'energia fornita dall'ingestione di cibo e la spesa metabolica (Jobbling, 1994). È stato riportato che quando la salinità è al livello ottimale, l'energia netta può aiutare a migliorare i tassi di crescita dei pesci (Amni et al., 2015) e ridurre il lavoro osmotico (Estudillo et al., 2000). Tuttavia, solo pochi studi sono stati eseguiti per indagare la tolleranza alla salinità del branzino asiatico. Pertanto, questo esperimento è stato condotto per determinare la tolleranza alla salinità e i tassi di crescita del giovane di spigola asiatica (*Lates calcarifer*) sottoposto a vari trattamenti di salinità.

MATERIALI E METODI
Fonte di giovani spigole asiatiche
Il branzino asiatico, il giovane *Lates calcarifer* (50 giorni dopo la schiusa) è stato acquistato da un fornitore locale. Ogni giovane è stato misurato per il peso corporeo e la lunghezza del corpo (peso corporeo medio 11.80 ± 3.75g; lunghezza media del corpo di 10.26 ± 1.15cm). Gli esperimenti sono stati eseguiti presso l'incubatoio marino, Unità di incubazione, Facoltà di pesca e scienze alimentari, Universiti Malaysia Terengganu.

Configurazione sperimentale
L'acqua di mare è stata conservata nei serbatoi e filtrata attraverso filtri biologici e filtri rapidi a sabbia per mantenere la qualità dell'acqua richiesta. Sono state preparate acque con salinità diverse (5, 10, 15, 20 (controllo), 25 e 30 ppt), diluite con acqua dolce e tenute in un acquario di vetro chiuso. L'acqua dolce è stata usata per 0 ppt. Quattordici unità di 54 litri di volume di acquario di vetro (60 cm × 30 cm × 30 cm di profondità) sono state preparate e lavate prima dell'inizio dell'esperimento e riempite con acqua di diversi livelli di salinità. Il rifrattometro è stato utilizzato per misurare la salinità dell'acqua utilizzata. Inoltre, una leggera aerazione è stata posta nell'acquario per migliorare la circolazione dell'acqua e per fornire continuamente ossigeno disciolto.

Centoquaranta giovani spigole sane di dimensioni simili sono state trasferite in una vasca di stoccaggio (210 cm × 120 cm × 74 cm di profondità) di 350 L, riempita con acqua aerata di 20 ppt per l'acclimatazione di 1 settimana. All'arrivo, i pesci sono stati inizialmente affamati e sottoposti a 10ml di 5 ppm di iodio per il trattamento iniziale in 5 ore, e continuato per l'acclimatazione con 20 ppt. Dopo 24 ore, i pesci sono stati alimentati due volte al giorno con pellet per pesci marini commerciali (43% di proteine grezze, 6% di grassi grezzi e 12% di umidità) al 2,0% in peso.

Tolleranza alla salinità
Il primo esperimento è stato condotto per determinare l'effetto della salinità dell'acqua sul tasso di sopravvivenza del giovane branzino asiatico. Prima delle prove di salinità, i giovani sono stati affamati per 24 ore. La loro lunghezza totale (TL) e il peso corporeo (BW) sono stati registrati. Sono stati preparati acquari di vetro con diverse salinità dell'acqua, in repliche. Un totale di 70 giovani sono stati equamente distribuiti in 14 acquari (n=5) e tenuti per 48 ore. I pesci non sono stati alimentati durante le prove, la mortalità è stata osservata quotidianamente e i pesci morti sono stati rimossi.

Effetto della salinità sulle prestazioni di crescita
Nessuna mortalità è stata registrata durante le prove di tolleranza alla salinità. Pertanto, le salinità dell'acqua di 0, 5, 10, 15, 20 (controllo), 25 e 30 ppt sono state utilizzate per l'esperimento di performance di crescita che è durato 15 giorni. Gli esperimenti sono stati condotti in repliche (Amornsakun *et al.*, 2016). La lunghezza totale (TL) e il peso totale (TW) di 70 pesci sono stati misurati e registrati prima dell'esperimento e alla fine del periodo di 15 giorni. Settanta giovani spigole sono state equamente distribuite in 14 acquari (n=5).

I parametri di qualità dell'acqua come temperatura, salinità, ossigeno disciolto, pH e mortalità sono stati registrati quotidianamente. I riscaldatori a immersione sono stati utilizzati per mantenere le temperature dell'acqua a 28 ± 1°C. Ogni acquario è stato dotato di aerazione per mantenere i livelli di saturazione dell'ossigeno disciolto nell'intervallo di 60-70%. Durante l'esperimento i giovani sono stati alimentati due volte al giorno al 2% del peso corporeo con pellet per pesci marini commerciali. Le feci e i rifiuti del mangime non consumato sono stati sifonati fuori dagli acquari ogni giorno. Durante il periodo di 15 giorni, un terzo del volume dell'acqua è stato sostituito ogni 3 giorni appena prima del tempo di alimentazione.

Dopo 15 giorni, i pesci sono stati immobilizzati, pesati, misurati per la lunghezza e accuratamente riportati nel loro acquario individuale designato. Per ogni singolo pesce, la media del peso iniziale e finale (g), l'aumento di peso totale (%), la lunghezza iniziale e finale (cm), l'aumento di lunghezza totale (%), e il tasso di crescita specifico (SGR) sono stati registrati e calcolati seguendo le formule date:

I.   Guadagno di lunghezza totale (TLG)
     Percentuale di TLG (%) = $[(L_1 - L_0) \div L_0] \times 100$
     Dove, L0 = media iniziale della lunghezza totale (cm); L_1 = media finale della lunghezza totale (cm)
II. Aumento di peso totale (TWG)
     Percentuale di TWG (%) = = $[(W_1 - W_0) \div W_0] \times 100$
     Dove; W0 = media iniziale del peso corporeo (g); W1 = media finale del peso corporeo (g)
III. Tasso di crescita specifico (SGR)
     Guadagno di peso specifico (SGR) (%) = $[(ln$ peso corporeo finale - ln peso corporeo iniziale) $\div$ giorno] $\times 100$

Analisi statistica
I dati sono stati espressi come media ± SD e analizzati con l'analisi della varianza (ANOVA) a una via e il test Tukey per i confronti multipli è stato utilizzato per la valutazione statistica post-hoc per le prestazioni di crescita dei pesci con il livello significativo è stato fissato a P < 0,05. Le analisi statistiche sono state effettuate utilizzando SPSS (20.0 per Windows). Tutti i dati percentuali dell'aumento di lunghezza totale (TLG), dell'aumento di peso totale (TWG) e del tasso di crescita specifico (SGR) sono stati trasformati utilizzando Arcsine prima dell'ANOVA.

RISULTATI E DISCUSSIONE
Tolleranza alla salinità del novellame di spigola asiatica
I risultati mostrano che il novellame di spigola asiatica (Figura 1) è stato in grado di sopravvivere in tutti i trattamenti di salinità e può tollerare una vasta gamma di salinità (da 0 a 30 ppt). Il tasso di sopravvivenza del pesce è generalmente influenzato dalla capacità del fluido corporeo di tollerare l'osmolalità dell'ambiente esterno (Stickeney, 1979). È stato riportato che la spigola asiatica è in grado di accumulare metalli pesanti come il mercurio (Currey et al., 1992), mentre sopravvive in varie condizioni fisiologiche e ambientali, tra cui salinità variabili, alta torbidità e temperature (Job, 2011; Rajaguru, 2002; Yue et al., 2009). Ciò è dovuto al più alto tasso di scambio, specialmente sulla branchia, sulla pelle e sull'intestino che sono responsabili dell'assunzione di acqua (Sarwono, 2004).

Fig. 1: spigola asiatica (*Lates calcarifer*) allo stadio giovanile

L'osservazione del comportamento dei pesci in diverse condizioni di salinità dell'acqua è stata eseguita anche nell'ambito delle prove di tolleranza alla salinità. Il numero di pesci che nuotano con posizioni anomale, cioè con il corpo inclinato di quasi 180° e la testa rivolta verso il basso, (Figura 2) è aumentato gradualmente da 0 a 10 ppt; con una percentuale significativamente più alta (p<0.05) è stata osservata in 10 ppt con il 30%, mentre nessuno dei pesci nuota con posizioni anomale in 15 e 20 ppt (Figura 3). Tuttavia, la percentuale di pesci che nuotano con posizioni anomale è stata registrata in 25 e 30 ppt con 10%. Questa posizione anomala suggerisce che il pesce forse ha problemi di galleggiamento. E' possibile che la vescica natatoria non funzioni correttamente a causa del drastico cambiamento della qualità dell'acqua come la salinità.

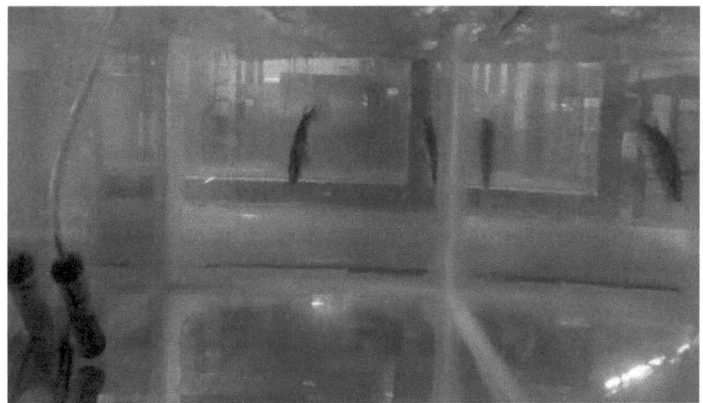

Fig. 2: Posizione di nuoto anomala di giovani spigole asiatiche.

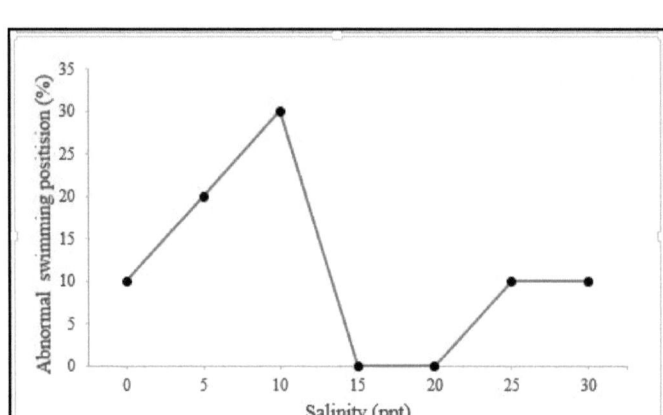

Fig. 3: Percentuale di giovani di spigola asiatica con posizione di nuoto anormale in varie salinità per 48 ore (n=5).

Effetto di diverse salinità dell'acqua sulle prestazioni di crescita

La lunghezza media del corpo e il peso della spigola asiatica in tutte le salinità sono aumentati durante la durata di 15 giorni (Tabella 1). La più alta lunghezza media del corpo è stata trovata nella salinità 25ppt, con 10.88±0.12cm e un guadagno di lunghezza totale (TLG) di 8.08 ± 1.81 %. Mentre, la media più bassa della lunghezza del corpo è stata trovata in 10ppt, con 10,01 ± 0,2 cm di 1,94 ± 0,04 %. Il TLG era significativamente più alto (P<0,05) in 0 e 25 ppt.

Per l'aumento di peso totale (TWG), il più alto peso corporeo medio è stato trovato in 0ppt e con 29,94 ± 14,33 %; mentre la media più bassa del peso è stata osservata in 15ppt, registrata a 9.58 ± 2.75 %. I TWG erano significativamente più alti (P<0.05) in 0, 10 e 25 ppt.

Per il tasso di crescita specifico (SGR), il valore più alto è stato ottenuto a 0 ppt con 1,71 ± 0,74 %/giorno, mentre il valore più basso di SGR è stato ottenuto a 15 ppt con 0,61 ± 0,17 %/giorno a 15ppt. Una SGR significativamente più alta (P>0.05) è stata ottenuta a 0, 10 e 25 ppt.

Tabella 1: Parametri di performance di crescita, aumento di lunghezza totale (TLG), aumento di peso totale (TWG) e tasso di crescita specifico (SGR) di giovani spigole asiatiche allevate per 15 giorni a diverse salinità dell'acqua (n=5).

Salinità (ppt)	0	5	10	15	20	25	30
TLG (%)	6.16 ± 3.29a	4.27 ± 0,31ab	1.95 ± 0.12c	1.94 ± 0.04c	3.13 ± 0.11b	8.08 ± 1.81a	3.04 ± 0.93b
TWG (%)	29.94 ± 14.33a	13.79 ± 8.54b	24.04 ± 10.13a	9.58 ± 2.75b	11.10 ± 3.71b	26.92 ± 10.21a	14.34 ± 8.40b
SGR (%/)	1.72 ± 0.74a	0.85 ± 0.50b	1.42 ± 0,54ab	0.61 ± 0.17b	0.70 ± 0.22b	1.58 ± 0.53a	0.88 ± 0.49b

* I dati sono presentati come media ± deviazione standard (SD). [a,b,c] Apici diversi indicano un valore significativamente diverso all'interno di una stessa riga (P<0,05)

Nel complesso, l'aumento di lunghezza (TLG), l'aumento di peso totale (TWG) e il tasso di crescita specifico (SGR) per la spigola asiatica è il migliore in 0 ppt rispetto alle altre salinità. Le prestazioni di crescita dei pesci sono influenzate dall'interazione genotipo-ambiente come la salinità, il fotoperiodo e la temperatura (Kikuchi et al., 2007; Zahari et al., 2018) e possono anche variare a seconda della specie, del sesso e dell'età (Hepher, 1993; Dutta, 1994).Oltre a questo, anche fattori come la qualità e la quantità di cibo, la gestione e lo stato di salute svolgono ruoli significativi. Nella maggior parte delle specie di pesci, la crescita è indeterminata (van Winkle et al., 1997), quindi questi fattori devono essere considerati quando si imposta un allevamento di pesci per produrre pesci della migliore qualità (Boeuf et al., 1999). Alcuni studi hanno riportato un migliore tasso di crescita in condizioni di salinità intermedie come l'acqua salmastra, come riportato nel salmone atlantico, nella trota iridea e nell'orata (Boeuf e Payan, 2001) probabilmente a causa della stimolazione ormonale, di un metabolismo più lento, di una maggiore assunzione di cibo e di una maggiore digeribilità delle proteine (Kikuchi et al., 2007). Tuttavia, secondo Altinok e Grizzle (2001), alcune specie di pesci giovani hanno mostrato prestazioni di crescita incoerenti quando sottoposti a bassa salinità a causa di differenze genetiche. La salinità devia l'energia disponibile dalla regolazione osmotica per la crescita dei pesci (Altinok e Grizzle, 2001). Tuttavia, la relazione tra la salinità e la performance di crescita è complessa e non può essere facilmente prevista (Iwama, 1996). Per esempio, nei pesci d'acqua dolce, maggiore è la salinità, maggiore è il tasso di sviluppo nei pesci d'acqua dolce; al contrario dei pesci marini, minore è la salinità dell'acqua, maggiore è il tasso di crescita riportato (Woo & Kell, 1995; Boeuf e Payan,2001).

CONCLUSIONE
In conclusione, il novellame di spigola asiatica può tollerare un ampio intervallo di salinità. Tuttavia, il novellame allevato a 0 ppt ha raggiunto le migliori prestazioni di crescita come registrato in TWG e SGR, rispetto a 25 ppt. I risultati sono utili per la gestione dell'incubatoio, mentre sono in grado di migliorare la resa della spigola asiatica, *Lates calcarifer*. Ulteriori studi sull'effetto della salinità sul comportamento di nuoto e sulle prestazioni fisiologiche del branzino asiatico sono giustificati.

RICONOSCIMENTO
Gli autori desiderano ringraziare la Facoltà di Pesca e Scienza dell'Alimentazione, Universiti Malaysia Terengganu per aver fornito le strutture necessarie.

RIFERIMENTI
Altinok, I. e Grizzle, J.M. (2001). Effetti dell'acqua salmastra sulla crescita, la conversione del cibo e

l'efficienza di assorbimento dell'energia da parte di giovani pesci eurialini e stenoalini d'acqua dolce. *Journal of fish Biology.* **59**: 1142-1152.

Amni, R.O., Kawamura, G., Senoo, S. e Ching, F.F. (2015). Effetti di diverse salinità sulla crescita, le prestazioni di alimentazione e il livello di cortisolo plasmatico in Hybrid TGGG (Tiger Grouper, *Epinephelus fuscoguttatusx* e Giant Grouper, *Epinephelus lanceolatus*) juveniles. *Giornale di ricerca internazionale di scienze biologiche.* **4**: 15-20.

Amornsakun, T., Vo, V.H., Petchsupa, N., Pau, T.M. e Hassan, A.B. (2017). Effetti della salinità dell'acqua sulla schiusa delle uova, la crescita e la sopravvivenza di larve e fingerlings di pesce snakehead, *Channa striatus*. *Songklanakarin Journal Science and Technology.* **39**:137-142.

Boeuf, G., Boujard, D. e Ruyet, J. P. L. (1999). Controllo della crescita somatica nel rombo. *Giornale di biologia dei pesci.* **55**: 128-147.

Boeuf, G. e Payan, P. (2001). In che modo la salinità influenza la crescita dei pesci? *Biochimica e Fisiologia Comparata Parte C: Tossicologia e Farmacologia.* **130**: 411-423.

Boeuf. G. (2009). Acclimatazione degli organismi acquatici in coltura. *Pesca e acquacoltura-Volume IV.* n: Encyclopedia of Life Support Systems, EOLSS UNESCO, in stampa. Pp: 175.

Currey, N.A., Benko, W.I., Yaru, B.T. e Kabi, R. (1992). Determinazione di metalli pesanti, arsenico e selenio in Barramundi (*Lates calcarifer*) dal lago Murray, Papua Nuova Guinea. *La scienza dell'ambiente totale.* **125**: 305-320.

Dhert, P., P. Lavens & P. Sorgeloos. (1992). Valutazione dello stress: uno strumento per il controllo della qualità degli avannotti di gamberi e pesci prodotti in avannotteria. Aquacult. Europa, **17**: 6-10.

Dutta H. (1994). Crescita nei pesci. *Gerontologia (India).* **40**:97-112

Estudillo, C.B., Duray, M.N., Marasigan, E.T. e Emata, A.C. (2000). Tolleranza alla salinità delle larve del *lutiano* rosso delle mangrovie (*Lutjanus argentimaculatus*) durante l'ontogenesi. *Acquacoltura.* **190**: 155-167.

Statistiche FAO sulla pesca (2018). Malaysia Fishery and Aquaculture. Dipartimento Pesca e Acquacoltura della FAO [online]. Disponibile da: http://www.fao.org/fishery/facp/MYS/en[Consultato il [28] marzo 2018].

Hepher, B. (1993). Crescita. In: Hepher B, editore. Nutrizione dei pesci di stagno. Cambridge: Università di Cambridge; pp. 163-191

Iwama, G.K. (1996). Crescita dei salmonidi. In Principio della cultura dei salmonidi (Pennell, W. e Barton, B.A., eds). Amsterdam: Elsevier. Pp. 467-516

Lavoro, S. (2011). Acquacoltura del barramundi. *Recenti progressi e nuove specie in acquacoltura.* Pp. 199-229. Jobling, M. (1995). Bioenergetica dei pesci. *Rassegna di letteratura oceanografica.* **9**: 785.

Kikuchi, K., Furuta, T., Ishizuka, H., e Yanagawa, T. (2007). Crescita del pesce palla tigre, *Takifugu rubripes*, a diverse salinità. *Journal of the World Aquaculture Society.* **38**:427-434.

Kungvankil, P., Tiro Jr, L.B., Pudadera Jr, B.J. e Potesta, I.O. (1985). Manuale di formazione: Biologia e Cultura della Spigola (*Lates calcarifer*). Dipartimento Pesca e Acquacoltura (FAO) [online]. Disponibile da: http://www.fao.org/docrep/field/003/ac230e/AC230E02.htm#ch2[Accessed on [10th] March2018].

Nammalwar, P. e Marichamy, R. (1998). Centro d'incubazione per spigole. Istituto centrale di ricerca sulla pesca marina, Kochi. Pp. 149-153.

Nelson, J. (1994). *Pesci del mondo*, [3a] edizione. John Wiley and Sons, New York.

Rajaguru, S. (2002). Massimo termico critico di sette pesci di estuario. *Giornale di biologia termica.* **27**: 125-128.

Sampaio, L.A. e Bianchini, A. (2002). Effetti della salinità sull'osmoregolazione e la crescita della passera eurialina *Paralichthys orbignyanus*. *Journal of Experimental Marine Biology and Ecology.* **269**: 187-196.

Sarwono, H.A. (2004). Effetto della salinità sulla capacità osmoregolatoria, il consumo di mangime, l'efficienza alimentare e la crescita del giovane branzino (*Lates calcarifer* Bloch).

KasetsartUniversity.

Shadrin, A.M. e Pavlov, D.S. (2015). Sviluppo embrionale e larvale del branzino asiatico *Lates calcarifer* (Pisces: Perciformes: Latidae) in condizioni termostaticamente controllate. *Izvestiya Akademii Nauk, Seriya Biologicheskaya*. 4:401-414.

Sharpe, S. (2018). Disturbo della vescica natatoria nei pesci d'acquario. The Spruce [online]. Disponibile da: https://www.thespruce.com/swim-bladder-disorder-in-aquarium-fish-1381230[Accessato il [16] aprile 2018].

Stickney, R.R. (1979). Principi di acquacoltura d'acqua calda. *John Wiley and Sons*. New York. Pp. 262- 314.

Varsamos, S., Nebel, C. e Charmantier, G. (2005). Ontogenesi dell'osmoregolazione nei pesci postembrionali: Una revisione. *Biochimica e Fisiologia Comparata Parte A, CBP*. 141: 401-429.

Van Winkle W, Shuter BJ, Holcomb BD, Jager HI, Tyler JA & Whitaker S (1997). Regolazione dell'acquisizione e dell'allocazione dell'energia alla respirazione, alla crescita e alla riproduzione: modello di simulazione ed esempio utilizzando la trota iridea. In: Early Life History and Recruitment in Fish Populations. Chambers RC & Trippel EA (eds.), pp. 103- 137. Londra, Regno Unito: Chapman & Hall

Woo, N. Y. S., & Kell, S. P. (1995). Effetto della salinità e dello stato nutrizionale sulla crescita e sul metabolismo di *Sparus sarba* in un sistema chiuso di acqua di mare. *Aquaculture*, 135, 229-238.

Yue, G.H., Zhu, Z.Y., Lo, L.C., Wang, C.M., Lin, G., Feng, F., Pang, H.Y., Li, J., Gong, P., Liu, H.M., Tan, J., Chou, R., Lim, H. e Orban, L. (2009). Variazione genetica e struttura della popolazione di spigola asiatica (*Lates calcarifer*) nella regione Asia-Pacifico. *Acquacoltura*. 293: 22-28.

Zahari, Z., Christianus, A., e Ismail, M.F.S. (2018). Effetto della densità di stoccaggio e della salinità sulla crescita e la sopravvivenza degli avannotti di Anabas dorata. *Indagine in Scienze della pesca*. 4: 26-37.

Recensione: Diversità degli attinomiceti e capacità biosintetiche della costa orientale delle acque costiere della Malesia peninsulare

Zaima Azira Zainal Abidin1*, Nurfathiah Abdul Malek

[1Dept]. of Biotechnology, Kulliyyah of Science, International Islamic University Malaysia

*Autore corrispondente: zzaima@iium.edu.my

ABSTRACT

Gli attinomiceti sono rinomati come una fonte eminente di antibiotici e di una vasta gamma di composti biologici. La scoperta della streptomicina da *Streptomyces* ha aperto la strada all'esplorazione e allo sfruttamento degli attinomiceti per la scoperta di antibiotici e altri composti importanti. Riconoscendo le prospettive degli attinomiceti nella scoperta di prodotti naturali, molti ricercatori in Malesia hanno anche preso l'iniziativa di partecipare all'esplorazione degli attinomiceti dagli ambienti locali. Questa recensione riassume e mette in evidenza la ricerca condotta sulla diversità degli actinomiceti e il loro potenziale biologico in particolare dalla costa orientale delle acque costiere della Malesia peninsulare, cioè Pahang, Terengganu e Kelantan.

Parole chiave: actinomiceti, diversità, attività biologiche, acqua costiera

INTRODUZIONE

Gli attinomiceti sono batteri Gram positivi, aerobi e filamentosi che si trovano comunemente nel suolo. Sono rinomati per la loro capacità superiore di produrre metaboliti secondari con ampie attività biologiche. Il genere prolifico *Streptomyces,* per esempio, rappresenta quasi il 70% degli antibiotici disponibili in commercio. Tuttavia, lo screening estensivo degli attinomiceti dalla controparte terrestre ha portato all'esaurimento delle cultivar di attinomiceti e ha ridotto la probabilità di trovare nuovi metaboliti secondari bioattivi a causa della riscoperta di composti noti da produttori precedentemente isolati (Lam, 2006; Naikpatil e Rathod, 2011). Quindi, l'esplorazione degli attinomiceti in luoghi inesplorati e sotto-esplorati come gli ambienti estremi e l'ambiente marino e concentrandosi su gruppi di attinomiceti rari può portare alla novità delle specie e infine alla novità chimica (Goodfellow e Fiedler, 2010; Subramani e Aalbersberg, 2013). La distribuzione degli attinomiceti malesi è stata studiata nella catena montuosa (Lo et al., 2002), nel suolo della foresta pluviale (Numata e Nimura, 2003), nelle piante medicinali (Zin et al. , 2007), nei terreni agricoli (Jeffrey, 2008), nelle lettiere di foglie (Muramatsu et al., 2011), nella palude di torba (Jeffrey, 2011), nei terreni della rizosfera (Ting et al., 2009) e nel compost (Ting et al., 2014). Gli studi hanno concluso un'alta diversità di attinomiceti, ma con una popolazione dominante di *Streptomyces*. Sono state effettuate anche indagini su potenziali isolati bioattivi per attività enzimatiche (Jeffrey et al., 2007; Ting et al., 2014), antibatteriche (Jeffrey e Halizah, 2014; Ting et al., 2014) e antifungine (Jeffrey e Halizah, 2014b), con risultati promettenti che giustificano ulteriori indagini. Studio sulla distribuzione e biopotenziale di actinomiceti dall'ambiente acqua costiera malese è ancora limitato in particolare nella costa orientale della Malesia che lo rende una fonte importante per l'isolamento e lo studio di bioprospezione per il programma di scoperta della droga. Le acque costiere comprendono aree di piattaforma, mari semi-chiusi e chiusi, insenature, estuari e zone umide, spesso beneficiano di flussi di sostanze nutritive dalla terra e/o anche dalla risalita dell'oceano che porta acqua ricca di sostanze nutritive in superficie fornendo ambienti unici per i batteri marini. Inoltre, l'ambiente delle acque costiere sperimenta anche varie fluttuazioni di fattori fisici come l'alta salinità, l'alta pressione, il pH acido, la temperatura estrema, creando un ambiente distintivo per i batteri marini, compresi gli attinomiceti, per produrre metaboliti secondari unici e nuovi. La costa orientale della Malesia peninsulare comprende tre stati: Pahang, Terengganu e Kelantan, tutti confinanti con il Mar Cinese meridionale a est. Le isole Perhentian e Redang a

Terengganu, per esempio, sono famose per le loro isole e spiagge incontaminate che si presentano come attrazioni turistiche. La costa orientale della Malesia peninsulare ha un grande potenziale come nuova risorsa di attinomiceti molto diversi che possono essere sfruttati per la scoperta di prodotti naturali. Questa recensione discute lo stato attuale della ricerca condotta sulla diversità degli attinomiceti e le capacità biosintetiche dalle acque costiere della costa orientale della Malesia peninsulare.

Attinomiceti

Il nome attinomicete deriva dal greco antico ἀκτίς *(aktís,* 'raggio') e μύκης *(múkēs,* 'fungo o fungo') dopo la formazione del micelio e la crescita guidata dall'estensione delle punte ifali. Gli attinomiceti comprendono un gruppo ampio e diversificato di batteri Gram-positivi con un alto rapporto di guanina e citosina (G+C > 55 % mol) nel loro genoma. Sono aerobici, a crescita lenta e non-motili, generalmente caratterizzati dalla formazione di filamenti o ife filiformi (Chaudhary et al., 2013; Goodfellow e Williams, 1983). Gli attinomiceti svolgono un ruolo essenziale nel ciclo dei nutrienti e nella mineralizzazione delle materie organiche e nel suolo, specialmente nella rizosfera (Murphy, 2007). Tassonomicamente, gli attinomiceti sono inclusi nella classe degli Actinobatteri e nell'ordine degli Actinomycetales (Goodfellow e Fiedler, 2010). Gli attinomiceti comprendono 14 sottordini, 44 famiglie e oltre 200 generi con più di 3000 specie di batteri. I membri dell'ordine Actinomycetales sono stati riportati come uno dei gruppi di taxa più distribuiti nel dominio dei batteri, sulla base del loro modello di ramificazione come dedotto nell'albero del gene 16S rRNA (Ventura et al., 2007; Zhi et al., 2009). Va notato che l'espressione attinobatteri si riferisce ai membri del phylum Actinobacteria mentre il termine attinomiceti si riferisce specificamente ai ceppi classificati sotto l'ordine Actinomycetales (Goodfellow e Fiedler, 2010). Gli attinomiceti possono essere classificati in due gruppi principali: il gruppo dominante e il gruppo degli attinomiceti rari (Azman et al., 2015). In habitat naturale, *Streptomyces* e *Micromonospora* sono tra i generi dominanti di attinomiceti (Genilloud et al. 2011) con più di 900 e 140 specie descritte rispettivamente (www.bacterio.net). D'altra parte, i generi tra cui *Actinoplanes, Dactylsporangium, Kineosporia, Microbispora* e *Virgosporangium* che hanno tassi di isolamento inferiori e sono più difficili da coltivare a causa della loro crescita estremamente lenta sono noti come attinomiceti rari (Subramani e Sipkema, 2019; Subramani e Aalbersberg, 2013; Tiwari e Gupta, 2013).

Gli attinomiceti sono anche noti per la loro importanza economica a causa della loro grande diversità metabolica. Sono stati sfruttati commercialmente per la produzione di vari enzimi industriali tra cui amilasi, cellulosa, xilanasi, proteasi e pectinasi (Saini et al. , 2015). Gli enzimi prodotti dagli attinomiceti non solo hanno un'importanza biotecnologica, ma possono essere convenienti in quanto la loro produzione può essere effettuata da substrati economici. Gli attinomiceti possiedono anche il potenziale per l'applicazione nel biorisanamento del suolo (Timkova et al. 2018), la biotrasformazione e la biodegradazione di contaminanti come i pesticidi (Serrano-Gonzalez et al. 2018). Sono state le fonti più importanti di metaboliti secondari bioattivi, molti dei quali hanno importanza medica come antibiotici, antivirali, antiparassitari, antimalarici, antitumorali e agenti immunosoppressivi (Jose e Jha 2016; Demain e Sanchez, 2009). Il genere *Streptomyces* da solo serve come il produttore più eccellente, che ha rappresentato più di 10, 400 metaboliti secondari antimicrobici caratterizzati, seguito dai ceppi *Micromonospora* (Berdy, 2012). La capacità dei ceppi *Streptomyces* di produrre composti bioattivi, specialmente antibiotici, rimane incomparabile, forse a causa del loro complemento di DNA extra-large (Kurtboke, 2012). Gli attinomiceti rari rappresentano circa il 26% dei composti antimicrobici con più di 50 taxa di attinomiceti rari sono stati riportati come produttori di 2.500 composti antimicrobici (Azman et al. 2015; Subramani e Aalbersberg, 2013). I membri del genere *Actinomadura*, *Actinoplanes, Saccharopolyspora* e *Streptoverticillium* sono i produttori più frequenti tra i gruppi di attinomiceti rari, ognuno produce centinaia di antibiotici (Subramani e Aalbersberg, 2013),

Isolamento selettivo di attinomiceti

Uno dei fattori che influenzano il successo dell'ottenimento di diversi attinomiceti risiede nel metodo di isolamento selettivo applicato. Non è possibile sviluppare un'unica procedura per l'isolamento di diversi tipi di attinomiceti che abitano specifici campioni ambientali a causa dei loro diversi requisiti di incubazione e crescita (Goodfellow, 2010). Di conseguenza, sono stati proposti numerosi approcci che includono l'uso di procedure di pretrattamenti e mezzi di isolamento per l'isolamento di vasti gruppi di taxa di attinomiceti (Hames e Uzel, 2012). Vari pretrattamenti possono essere impiegati per selezionare diverse frazioni della comunità di attinomiceti presenti nei campioni ambientali (Zainal Abidin et al. 2015; Naikpatil e Rathod, 2011). In generale, i regimi di pretrattamento selezionano gli attinomiceti bersaglio eliminando la crescita di microrganismi indesiderati (Goodfellow e Fiedler, 2010; Goodfellow, 2010). Le spore degli attinomiceti sono più resistenti all'essiccazione rispetto ad altri batteri. Pertanto, l'essiccazione all'aria dei campioni di sedimento a temperatura ambiente inibisce la colonizzazione di batteri indesiderati che potrebbero invadere le piastre di isolamento (Hong et al. , 2009). La resistenza dei propaguli di attinomiceti all'essiccazione è comunemente associata alla loro resistenza al calore. La ragione principale di questa resistenza al calore non è chiara, ma è evidente che il riscaldamento prima dell'inoculazione stimola la germinazione delle spore di attinomiceti (Hames e Uzel, 2012). È stato riportato che molte spore di attinomiceti (ad esempio, *Micromonospora* e *Microbispora*), vescicole di spore (ad esempio, *Streptosporangium* e *Dactylsporangium*) e frammenti ifali (ad esempio, *Rhodococcus*) sono più resistenti al calore rispetto ai procarioti Gram-negativi (Hames e Uzel, 2012). Le procedure di pretrattamento termico generalmente portano a una riduzione del rapporto tra batteri indesiderati e attinomiceti sulle piastre di isolamento, anche se la conta degli attinomiceti può anche diminuire (Goodfellow, 2010). L'uso di pretrattamenti chimici può migliorare ulteriormente la loro selettività, come esemplificato dall'applicazione del cloruro di benzetonio per l'isolamento di attinomiceti rari (Bredholt et al., 2008).

Innumerevoli mezzi di isolamento sono stati progettati e proposti per l'isolamento degli attinomiceti. La maggior parte dei mezzi di isolamento sono stati formulati empiricamente senza riferimento alle preferenze nutrizionali degli organismi bersaglio. La maggior parte di essi ha un alto rapporto carbonio-azoto in quanto contengono fonti complesse di carbonio e azoto (ad esempio, amido, estratto di malto, acido umico, caseina e xilano) (Hames e Uzel, 2012). Questi mezzi di isolamento favoriscono la crescita degli attinomiceti rispetto ai comuni batteri che non sono in grado di metabolizzare i polimeri organici ad alto peso molecolare. Gli agenti antimicrobici, notevolmente actidione, cycloheximide, nystatin e primaricin forniscono un approccio efficace per aumentare la selettività dei mezzi di isolamento (Liu et al. 2019; Khanna et al. , 2011). L'uso di questi antibiotici può essere considerato una pratica standard per ridurre la crescita dei contaminanti fungini. Imitare l'habitat naturale è uno dei criteri importanti per il successo dell'isolamento di attinomiceti dall'ambiente naturale (Goodfellow e Fiedler, 2010). La preparazione di mezzi di isolamento utilizzando acqua di mare naturale può essere cruciale per l'isolamento selettivo di attinomiceti di derivazione marina (Mincer et al., 2002; Zainal Abidin et al. 2015).

Geni biosintetici
Una vasta gamma di composti biologicamente attivi con applicazioni agricole, medicinali e biotecnologiche sono principalmente governati da 2 geni biosintetici notevolmente noti come politetasi nonribosomiali (NRPS) e politetasi di tipo I (PKS-I) (Ayuso-Sacido e Genilloud, 2005; Gontang et al. , 2010). Questi metaboliti bioattivi strutturalmente diversi includono antibiotici (ad esempio, eritromicina, nistatina, penicillina e vancomicina), agenti antitumorali (ad esempio, ansamitocina e bleomicina) e agenti immunosoppressivi (ad esempio, rapamicina). Entrambi i percorsi biosintetici NRPS e PKS-I sono stati ampiamente riportati non solo negli attinomiceti, ma anche nei cianobatteri (Fidor et al., 2019) e nei funghi filamentosi (Theobald et al. 2019). Strutturalmente, sia NRPS che PKS-I sono polipeptidi multifunzionali che sono codificati da un numero variabile di moduli con molteplici attività enzimatiche. Ogni modulo PKS-I contiene 3 domini corrispondenti a una chetosintasi, una aciltransferasi e una proteina trasportatrice acilica. Questi domini svolgono un ruolo importante nella sintesi programmata di nuove catene di polichetidi. Allo stesso modo, i moduli NRPS codificano le attività corrispondenti ai passi di adenilazione, condensazione e tiolatura nel riconoscimento e nella condensazione del substrato. Il gene NRPS ha sintetizzato metaboliti che mostrano un notevole spettro di attività che sono stati costruiti da blocchi di costruzione selezionati individualmente (Jimenez et al.,

2010). I composti sintetizzati dai geni NRPS sono spesso di struttura ciclica e possono essere distinti per la presenza di D-amminoacidi ramificati non proteici (Miller *et al.*, 2016).

L'annotazione dei cluster di geni biosintetici completerebbe i dati del biotest, permettendo la manipolazione delle condizioni di coltura per stimolare l'espressione del metabolita bioattivo (Jimenez et al., 2010). La previsione di metaboliti bioattivi attraverso il genoma mining di *Salinispora tropica* porta all'isolamento e all'identificazione del salinilattame A (Udwary et al., 2007), e allo stesso modo, il genome mining di due diversi ceppi di *Streptomyces* che hanno un cluster di geni biosintetici simili porta alla scoperta di 3 nuovi polichetidi (Banskota *et al.*, 2006). L'estrazione del genoma di un raro ceppo di attinomicete marino *Streptosporangium* ha portato alla scoperta di polifenoli pentagonali esaricini A-C (Tian et al. 2016). Quindi, l'indagine degli attinomiceti per i geni biosintetici NRPS e PKS-I può essere utile per determinare un possibile potenziale dei materiali biologici (Liu et al. 2019; Zainal Abidin et al. 2018). I risultati positivi in uno screening basato sulla PCR non solo forniscono la prova della produzione dei metaboliti corrispondenti, ma possono anche indicare l'esistenza di ulteriori vie metaboliche di sintesi dei metaboliti secondari (Ayuso-Sacido e Genilloud, 2005; Lee et al. 2014). Tuttavia, la mancanza di frammenti genici rilevabili non prova definitivamente l'assenza dei rispettivi cluster di geni biosintetici, poiché esistono anche altri metaboliti e altre vie biosintetiche che si riflettono nei genomi degli attinomiceti (Kouadri et al. 2014; Zainal Abidin et al. 2018).

Diversità e bioattività degli actinomiceti di Pahang, Terengganu e Kelantan

Tra tutti e tre gli stati, Pahang è stato il più prolifico in termini di ricerca sugli attinomiceti degli ambienti acquatici costieri. Uno dei punti caldi per la ricerca sugli attinomiceti è la foresta di mangrovie di Tanjung Lumpur nella città di Kuantan. Applicazione di pretrattamenti selettivi su campioni di sedimenti di mangrovie utilizzando una soluzione di fenolo (1.5%, 30 min a 30°C) o calore umido in acqua sterilizzata (15 min a 50°C) ha portato al recupero di *Streptomyces, Mycobacterium, Leifsonia, Microbacterium, Sinomonas, Nocardia, Terrabacter, Streptacidiphilus, Micromonospora, Gordonia,* e *Nocardioides* da questa località insieme a diversi possibili nuovi generi e nuove specie (Lee et al. 2014a). Inoltre, il rilevamento di PKS-I, PKS-II e NRPS, e la valutazione dell'attività antimicrobica sono stati condotti anche sugli actinomiceti isolati. Un certo numero di attinomiceti ha mostrato la presenza di almeno un gene biosintetico (PKS-I/PKS-II/NRPS) testato e una specie di *Nocardia* che è strettamente legata a *Nocardia Africana* è risultata contenere tutti i geni biosintetici (PKS-I, PKS-II, e NRPS). Alcuni isolati di *Streptomyces* hanno mostrato attività antibatterica contro *S. aureus* resistente alla meticillina (MRSA) e un particolare isolato di *Streptomyces ha* mostrato un ampio spettro di attività antimicrobica che rappresenta una nuova specie chiamata *Streptomyces pluripotens* sp. nov. (Lee et al. 2014b). Di conseguenza, sono stati descritti due nuovi generi: *Mumia flava* gen. nov. sp. nov (Lee et al. 2014c), e *Monashia flava* gen. nov., sp. nov. (Azman et al. 2016) seguito dalla descrizione di diverse nuove specie - *Microbacterium mangrovi* sp. nov. (Lee et al. 2014d), *Sinomonas humi* sp. nov (Lee et al. 2015), *Streptomyces gilvigriseus* sp. nov (Ser et al. 2015a), *Streptomyces mangrovisoli* sp. nov. (Ser et al. 2015b), *Streptomyces antioxidans* sp. nov. (Ser et al. 2016a), *Streptomyces malaysiense* sp. nov. (Ser et al. 2016b) e *Streptomyces humi* sp. nov. (Zainal et al. 2016).
In seguito alla scoperta di nuovi attinomiceti rari da questa località, lo screening sulle attività antibatteriche, anticancro e neuroprotettive è stato condotto su *Microbacterium mangrove, Sinomonas humi* e *Monashia flava* con risultati notevoli. Gli estratti metanolici di *M. mangrove, S. humi* e *M. flava* hanno mostrato effetti batteriostatici, mentre l'estratto di *M. mangrove* ha dimostrato significative proprietà neuroprotettive in modelli di stress ossidativo e demenza. Inoltre, l'estratto di *M. flava* è stato in grado di proteggere le cellule neuronali SHSY5Y nel modello di ipossia. Inoltre, gli estratti di *M. mangrovi* e *M. flava* hanno mostrato effetti anticancro contro le linee cellulari di carcinoma cervicale umano (Ca Ski) (Azman et al. 2017). Ulteriori indagini sull'estratto di *Streptomyces gilvigriseus* hanno indicato una significativa attività antiossidante e un effetto citotossico contro linee cellulari di cancro al colon e questa attività potrebbe essere attribuita ai dipeptidi ciclici presenti nell'estratto (Ser et al. 2018).

81

Allo stesso modo, Mohamad et al. (2015) hanno identificato 6 *Streptomyces*, 2 *Micromonospora* e 2 *Rhodococcus* con uno *Streptomyces* che mostra un'ampia attività antimicrobica da Tanjung Lumpur, compresi diversi batteri patogeni - *K. pneumoniae*, *S. thypimurium* e *S. pyogenes*. *Il* programma di bioprospezione degli attinomiceti in 7 località della foresta di mangrovie di Kuantan ha rivelato una grande varietà di attinomiceti con elevate proprietà antimicrobiche. Anche se i generi *Streptomyces* e *Micromonospora* hanno dominato la popolazione di attinomiceti, sono stati ottenuti anche altri gruppi di attinomiceti che appartengono a quelli rari. I membri dei generi rari isolati con successo includono *Pseudonocardia* sp., *Verrucosispora* sp., *Nocardiopsis* sp., *Actinophytocola* sp., *Dietzia* sp., *Gordonia* sp., *Micrococcus* sp., *Mycobacterium* sp, *Nocardia* sp., *Saccharopolyspora* sp. e *Rhodococcus* sp. Rari ceppi di attinomiceti - *Pseudonocardia* sp., *Nocardiopsis* sp. e *Actinophytocola sp.* hanno anche dimostrato attività antimicrobiche insieme a ceppi di *Streptomyces* (Abdul Malek et al. 2015, Zainal Abidin et al. 2018). Oltre agli isolati di *Streptomyces* e *Micromonospora* che mostrano la presenza di geni PKS-I e/o NRPS in essi, anche diversi attinomiceti rari - *Actinophytocola, Gordonia, Pseudonocardia, Rhodococcus* e *Verrucosispora* hanno mostrato osservazioni simili.

Un isolato di particolare interesse, *Actinophytocola* sp. K4-08 che è stato recuperato attraverso il pretrattamento con calore secco 120°C, 60 min su ISP4 medium. Questo actinomicete era strettamente legato a *A. sediminis* (99% di somiglianza) che è stato precedentemente trovato nel sedimento del mare profondo del Mar Cinese Meridionale. Questo isolato possedeva entrambi i geni biosintetici NRPS e PKS-I e ha mostrato una promettente attività antimicrobica contro gli organismi di prova. La valutazione delle attività antimicrobiche e delle capacità biosintetiche del genere *Actinophytocola* non è mai stata riportata prima, rendendo questo isolato un candidato promettente da sfruttare per la scoperta di prodotti naturali. Inoltre, diversi attinomiceti sono stati trovati a produrre pigmenti diffusibili colorati (Figura 1). La produzione di pigmento diffusibile è di solito legata al rilascio di melanina nel mezzo e i pigmenti svolgono un ruolo significativo nella sopravvivenza e nella crescita degli attinomiceti (Parungao et al. 2007). Occasionalmente sono stati riportati anche altri colori di pigmenti come il giallo, il verde e il blu e talvolta questi pigmenti mostrano attività antimicrobiche. Oltre al marrone e al nero come i comuni pigmenti diffusibili ottenuti dagli attinomiceti, nel loro studio sono stati riportati pigmenti diffusibili di colore blu, arancione, rosa, viola e giallo. Inoltre, l'estratto di acetato di etile del pigmento viola possiede una forte attività inibitoria contro *B. subtilis*, *S. aureus* e *S. marcescens*.

La prossima località di Pahang è l'isola Tioman, circondata dal Mar Cinese Meridionale e considerata una fonte non sfruttata di rari attinomiceti marini. Sabaratnam et al. (2008) hanno riportato diversi attinomiceti isolati da spugne marine raccolte nell'isola Tioman e putativamente identificato isolati selezionati come *Actinoplanes* spp, *Micromonospora* spp, *Nocardia* spp, *Polymorphospora* spp, *Pseudonocardia* spp, *Rhodococcus* spp, *Saccharomonospora* spp., *Salinispora* spp., *Sprilliplanes* spp. e *Verrucosispora* spp. In uno studio più recente di Ng e Tan (2018) su sedimenti marini raccolti dal Pirate Reef, Tioman Island, le analisi delle sequenze del gene 16S rRNA hanno indicato relazioni strette con membri di 18 generi: *Actinomadura, Agromyces, Jishengella, Marinactinospora, Micromonospora, Mycobacterium, Nocardia, Nocardiopsis, Nonomuraea, Plantactinospora, Pseudonocardia, Rhodococcus, Saccharomonospora, Saccharopolyspora, Salinispora, Streptomyces* e *Streptosporangium*. Inoltre, quasi la metà degli isolati recuperati erano *Streptomyces* spp. (47,97%) e *Salinispora* spp. (23,58%), rispettivamente. Questo è stato seguito dalla descrizione del nuovo genere *Marinitenerispora sediminis* gen. nov., sp. nov e questo batterio possedeva anche attività inibitoria contro B. *subtilis*, *S. aureus* ed *E. coli* (Ng et al. 2019). Un'altra ricerca sugli actinomiceti di Zainal Abidin (2013) ha riportato la presenza di isolati di *Streptomyces* e *Salinispora* dai sedimenti marini di Tioman Island (Figura 2). Gli isolati di *Streptomyces* mostrano una forte attività antimicrobica e l'isolato di *Salinispora* mostra una forte attività antibatterica contro MRSA patogeni. Un particolare isolato di *Streptomyces è* stato in grado di tollerare fino al 12% di NaCl indicando il suo adattamento all'ambiente marino. Tioman Island sembra essere un hotspot per i ceppi di *Salinispora* come dimostrato da diversi studi che indicano la presenza di questo attinomicete marino obbligato come actinomicete indigeno nel sedimento marino di Tioman Island. Un'altra località di Pahang è Cherating in cui Ariffin et al. (2017) hanno isolato con successo *Streptomyces* dall'area di mangrovie situata qui. Gli studi approfonditi sugli attinomiceti nelle località di Pahang, uniti al recupero di attinomiceti rari e alla descrizione di nuovi generi e specie, esemplificano ulteriormente il vero potenziale delle acque costiere di Pahang come nuove risorse di attinomiceti con capacità biosintetiche.

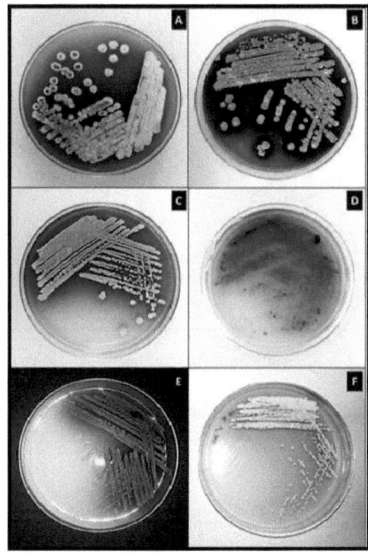

Fig. 1: Pigmento diffusibile colorato da attinomiceti della foresta di mangrovie di Kuantan

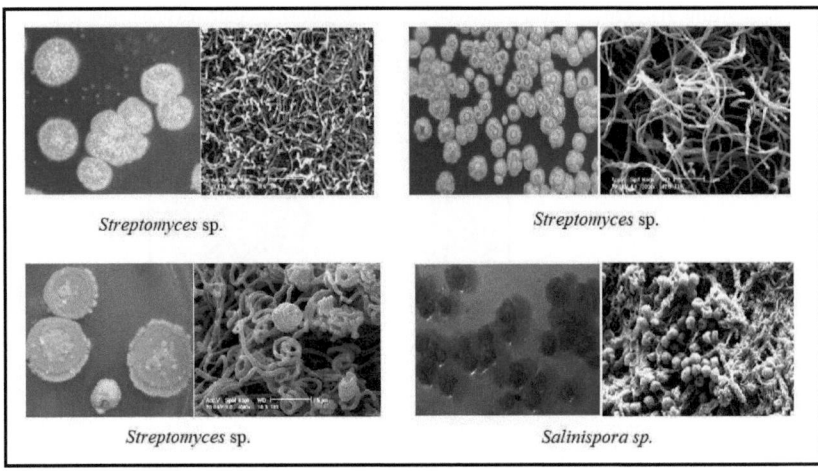

Streptomyces sp.

Streptomyces sp.

Streptomyces sp.

Salinispora sp.

Fig. 2: morfologie delle colonie e micrografie SEM di actinomiceti dell'isola Tioman

Tuttavia, pochi studi sono stati condotti sugli attinomiceti dalle acque costiere di Terengganu e Kelantan. Ariffin et al. (2017) hanno isolato un totale di 11 actinomiceti dalla spiaggia di Chendering in Terengganu e

7 attinomiceti da sedimenti di mangrovie nella spiaggia di Tok Bali, Kelantan, anche se le loro identità non sono state determinate. Un'altra località di Terengganu è l'isola di Bidong. Quest'isola era precedentemente un campo profughi per i vietnamiti ed è stata aperta ai turisti dopo che tutti i rifugiati sono stati rimpatriati in Vietnam. Recentemente, i batteri coltivabili associati a diverse specie di spugne marine raccolte adiacenti a Bidong Island hanno recuperato *Brevibacterium* e *Kytococcus* tra la popolazione di batteri identificati (Tan et al. 2018). Successivamente, uno studio incentrato sui batteri associati al muco del corallo *Acropora cervicornis* sempre a Bidong Island ha recuperato *Actinomyces, Micrococcus varians, Micrococcus roseus* e *Micrococcus* sp. insieme ad altri gruppi di batteri (Kalimuthu et al. 2007). Certamente, ci sono altre ricerche dirette all'isolamento e alla diversità degli actinomiceti negli stati di Kelantan e Terengganu, ma devono ancora essere riportate. Senza dubbio, le acque costiere situate a Kelantan e Terengganu hanno la prospettiva di essere nuove risorse di attinomiceti con composti potenzialmente nuovi che aspettano solo di essere esplorati e scoperti. La tabella 1 ha riassunto la diversità degli attinomiceti e le loro bioattività secondo ogni stato - Pahang, Terengganu e Kelantan. In effetti, le acque costiere della costa orientale della Malesia peninsulare hanno il potenziale per essere esplorate come una nuova risorsa di attinomiceti. Forse, uno sforzo concertato e strategico da parte di vari gruppi di ricerca, in particolare sulla bioprospezione di attinomiceti in questi luoghi, può produrre nuovi ceppi e portare alla scoperta di composti bioattivi unici.

Tabella 1: Sintesi degli attinomiceti dalle acque costiere di Pahang, Terengganu e Kelantan

Stato	Genere	Bioattività	Riferimento
	Tanjung Lumpur		Lee et al. (2014a); Lee et al. (2014b); Lee et al. (2014c);
	Streptomyces, Mycobacterium, Leifsonia, Microbacterium, Sinomonas, Nocardia, Terrabacter, Streptacidiphilus, Micromonospora, Rhodococcus, Gordonia, Nocardioides, Mumia flava, Monashia flava	Attività antibatterica, anticancro, antiossidante, neuroprotettiva	Lee et al. (2014d); Azman et al. (2016); Mohamad et al. (2015); Ser et al. (2015a); Ser et al. (2015b); Ser et al. (2016a); Ser et al. (2016b); Zainal Abidin et al. (2016); Azman et al. (2017); Ser et al. (2018)
Pahang	**Foresta di mangrovie di Kuantan**		
	Pseudonocardia, Verrucosispora, Nocardiopsis, Actinophytocola, Dietzia, Gordonia, Micrococcus, Mycobacterium, Nocardia, Saccharopolyspora, Rhodococcus, Pseudonocardia, Nocardiopsis, Actinophytocola	Antimicrobico	Abdul Malek et al. (2015); Zainal Abidin et al. (2018)
	Isola di Tioman		
	Actinoplanes, Micromonospora, Nocardia, Polymorphospora, Pseudonocardia, Rhodococcus, Saccharomonospora, Salinispora, Sprilliplanes, Verrucosispora, Actinomadura, Agromyces, Jishengella, Marinactinospora, Mycobacterium, Nocardiopsis, Nonomuraea, Plantactinospora, Saccharopolyspora, Streptosporangium, Streptomyces, Mariniterenispora sediminis	Antimicrobico	Sabaratnam et al. (2008); Zainal Abidin (2013); Ng & Tan (2018); Ng et al. (2019)
	Cherating		
	Streptomyces	Antibatterico	Ariffin et al. (2017)

Isola di Bidong		Kalimuthu et al.
Brevibacterium, Kytococcus, Actinomyces, Micrococcus	Non determinato	(2007); Tan et al. (2018)

Terengganu

Chendering	Antibatterico	Ariffin et al. (2017)
Sconosciuto		

Kelantan	**Spiaggia di Tok Bali**	Non determinato Ariffin et al. (2017)
	Sconosciuto	

CONCLUSIONE

La descrizione di nuovi generi e nuove specie dalle acque costiere della costa orientale della Malesia peninsulare ha dimostrato la prospettiva degli attinomiceti delle acque costiere di Pahang, Terengganu e Kelantan e la possibile applicazione potenziale nella scoperta di prodotti naturali. Anche se gli studi sugli attinomiceti di questi stati sono ancora carenti, tuttavia, queste località hanno la prospettiva di essere punti caldi per nuovi attinomiceti e nuovi composti. La ricerca sugli attinomiceti dovrebbe andare oltre la diversità e le attività di screening biologico, ma tentare la purificazione e l'elucidazione della struttura dei composti bioattivi e intraprendere nuove strade come l'estrazione del genoma, il sequenziamento della prossima generazione (NGS), la metabolomica e la proteomica per rivelare percorsi biosintetici criptici nella produzione di metaboliti secondari.

RIFERIMENTI

Abdul Malek, N., Zainuddin, Z., Chowdhury, A.J.K., Zainal Abidin, Z.A. (2015). Diversità e attività antimicrobica degli attinomiceti del suolo delle mangrovie isolati da Tanjung Lumpur, Kuantan, *Jurnal Teknologi*, 77(25), 37-43.

Ariffin, S., Abdullah, M.F.F., Mohamad, S.A.S. (2017). Identificazione e proprietà antimicrobiche degli attinomiceti delle mangrovie malesi, *Int. J. on Advanced Science Engineering Information Technology*, 7(1), 71-77.

Ayuso-Sacido, A. e Genilloud, O. (2005). Nuovi primer PCR per lo screening dei sistemi NRPS e PKS-I negli attinomiceti: rilevamento e distribuzione di queste sequenze di geni biosintetici nei principali gruppi tassonomici, *Microbial Ecology*, 49, 10-24.

Azman, A. S., Iekhsan, O., Velu, S. S., Chan, K. G. e Lee, L. H. (2015). Attinobatteri rari delle mangrovie: tassonomia, composto naturale e scoperta di bioattività, *Frontiers in Microbiology*, 6, 85601- 85615.

Azman, A. S., Zainal, N., Ab Mutalib, N.S., W.F. Chan, K. G. e Lee, L.H. (2016). *Monashia flava* gen. nov., sp. nov., un actinobatterio della famiglia Intrasporangiaceae, *Int J Syst Evol Microbiol*, 66, 554-561.

Azman, A. S., Othman, I., Fang, C.M., Chan, K. G., Goh, B.H., Lee, L.H. 2017. Attività antibatteriche, antitumorali e neuroprotettive di attinobatteri rari da suoli di foreste di mangrovie, *Indian J Microbiol*, 57(2),177-187.

Berdy, J. (2005). Metaboliti microbici bioattivi, *The Journal of Antibiotics*, 58,1-26.

Bredholt, H., Fjaervik, E., Johnsen, G. e Zotchev, S. B. (2008). Attinomiceti da sedimenti in Trondheim Fjord, Norvegia: diversità e attività biologica, *Marine Drugs*, 6, 12-24.

Chaudhary, H. S., Soni, B., Shrivastava, A. R. e Shrivastava, S. (2013). Diversità e versatilità degli actinomiceti e il suo ruolo nella produzione di antibiotici, *Journal of Applied Pharmaceutical Science*, 3: S83-S94.

Demain, A. L. e Sanchez, S. (2009). Scoperta di farmaci microbici: 80 anni di progressi. *Il Journal of Antibiotics*, 62: 5-16.

Fidor, A., Konkel, R. e Mazur-Marzec, H. (2019). Peptidi bioattivi prodotti da cianobatteri del genere Nostoc: A Review, *Mar. Drugs*, 17, 561 doi:10.3390/md17100561

Genilloud, O., Gonzalez, I., Salazar, O., Martin, J., Tormo, J. R. e Vicente, F. (2011). Approcci attuali per sfruttare gli attinomiceti come fonte di prodotti naturali, *Journal of Industrial Microbiology and Biotechnology*, 38, 375-389.

Gontang, A. E., Gaudencio, S. P., Fenical, W. e Jensen, P. R. (2010). Sequence-based analysis of secondary-metabolite biosynthesis in marine actinobacteria, *Applied and Environmental Microbiology*, 76, 2487-2499.

Goodfellow, M. (2010). Isolamento selettivo degli attinobatteri. *In* Baltz, D. R. H. e Davies, J. (Eds.), *Manual of Industrial Microbiology and Biotechnology*. (3rd ed., pp. 13-27). Washington DC: ASM Press.

Goodfellow, M. e Fiedler, H. P. (2010). Una guida alla bioprospezione di successo: informata dalla sistematica degli actinobatteri, *Antonie Van Leeuwenhoek*, 98, 119-142.

Goodfellow, M. e Williams, S. T. (1983). Ecologia degli attinomiceti, *Annual Review of Microbiology*, 37, 189-216.

Hames, E. E. e Uzel, A. (2012). Strategie di isolamento di attinomiceti di origine marina da campioni di spugne e sedimenti, *Journal of Microbiological Methods*, 88, 342-347.

Hong, K., Gao, A. H., Xie, Q. Y., Gao, H., Zhuang, L., Lin, H. P., Yu, H. P., Li, J., Yao, X. S., Goodfellow, M. e Ruan, J. S. (2009). Attinomiceti per la scoperta di farmaci marini isolati da terreni e piante di mangrovie in Cina, *Marine Drugs*, 7, 24-44.

Jeffrey, L. S. H., Sahilah, A. M., Son, R. e Tosiah, S. (2007). Isolamento e screening di attinomiceti dal suolo malese per le loro attività enzimatiche e antimicrobiche, *Journal of Tropical Agriculture and Food Science*, 1, 159-164.

Jeffrey, L. S. H. (2008). Isolamento, caratterizzazione e identificazione di attinomiceti da terreni agricoli a Semongok, Sarawak. *African Journal of Biotechnology*, 7, 3697-3702.

Jeffrey, L. S. H. (2011). Preselezione di bioattività da attinomiceti isolati dal suolo di torba della foresta di Sarawak, *Journal of Tropical Agriculture and Food Science*, 39, 245-253.

Jeffrey, L. S. H. e Halizah, H. (2014). Composti attivi biologici da attinomiceti isolati dal suolo dell'isola di Langkawi, Malesia, *African Journal of Biotechnology*, 13, 4523-4528.

Jimenez, J. T., Sturdikova, M. e Sturdik, E. (2010). Metaboliti secondari bioattivi marini e terrestri di polichetidi e peptidi e prospettive della loro produzione biotecnologica, *Acta Chimica Slovaca*, 3, 103-119.

Jose, P.A. e Jha, B. (2016). Nuove dimensioni della ricerca sugli attinomiceti: Quest for Next Generation Antibiotics, *Front. Microbiol.* 7:1295. doi: 10.3389/fmicb.2016.01295.

Kalimutho, M., Ahmad, A. e Kassim, Z. (2007). Isolamento, caratterizzazione e identificazione dei batteri associati al muco del corallo *Acropora cervicornis* dell'isola di Bidong, Terengganu, Malesia, *Malaysian Journal of Science* 26 (2), 27 - 39.

Khanna, M., Solanki, R. e Lal, R. (2011). Isolamento selettivo di attinomiceti rari che producono nuovi composti antimicrobici, *International Journal of Advanced Biotechnology and Research*, 2, 357-375.

Kouadri, F.; Al-Aboudi, A., e Jorani, H.K., (2014). Attività antimicrobica di Streptomyces sp. isolato dal Golfo di Aqaba-Giordania e screening per NRPS, PKS-I e PKS-II geni, *African Journal of Biotechnology,* 13(34), 3505-3515

Kurtboke, D. I. (2012). Biodiscovery from rare actinomycetes: an eco-taxonomical perspective, *Applied Microbiology and Biotechnology*, 93, 1843-1852.

Lam, K. S. (2006). Scoperta di nuovi metaboliti da attinomiceti marini, *Current Opinion in Microbiology*, 9, 245-251.

Lee, L. H., Nurullhudda, Z. Adzzie-Shazleen, A., Eng, S. K., Goh, B. H., Yin, W. F., Nurul-Syakima, A. M. e Chan, K. G. (2014a). Diversità e attività antimicrobiche di actinobatteri isolati da sedimenti di mangrovie tropicali in Malesia, *The Scientific World Journal*, 10, 1-14.

Lee, L. H., Nurullhudda, Z. Adzzie-Shazleen, A., Eng, S. K., Nurul-Syakima, A. M., Yin, W.F. e Chan, K. G. (2014b). *Streptomyces pluripotens* sp. nov. uno streptomicete produttore di batteriocine che inibisce lo *Staphylococcus aureus* resistente alla meticillina, *Int J Syst Evol Microbiol*, 64, 3297-3306.

Lee, L. H., Nurullhudda, Z. Adzzie-Shazleen, A., Nurul-Syakima, A. M., Hong, K. e Chan, K. G. (2014c). *Mumia flava* gen. nov., sp. nov., un actinobatterio della famiglia Nocardioidaceae, *Int J Syst Evol Microbiol* 64: 1461-1467.

Lee, L. H., Adzzie-Shazleen, A., Nurullhudda, Z. Eng, S.K., Nurul-Syakima, A. M., Yin, W.F. e Chan, K. G. (2014). *Microbacterium mangrovi* sp. nov., un actinobatterio amilolitico isolato dal suolo della foresta di mangrovie, *Int J Syst Evol Microbiol* 64, 3513-3519.

Lee, L. H., Adzzie-Shazleen, A., Nurullhudda, Z., Yin, W.F., Nurul-Syakima, A. M., e Chan, K. G. (2015). *Sinomonas humi* sp. nov. un actinobatterio amilolitico isolato dal suolo della foresta di mangrovie, *Int J Syst Evol Microbiol*, 65, 996-1002.

Liu, T., Wu, S., Zhang, R., Wang, D., Chen, J. e Zhao, J. (2019). Diversità e potenziale antimicrobico di Actinobacteria isolati da diverse spugne marine lungo il Golfo di Beibu del Mar Cinese Meridionale, *FEMS Microbiology Ecology*, 95(7) doi: 10.1093/femsec/fiz089

Lo, C. W., Lai, N. S., Cheah, H. Y., Wong, N. K. I. e Ho, C. C. (2002). Actinomiceti isolati da campioni di suolo della gamma Crocker Sabah, *ASEAN Review of Biodiversity and Environmental Conversation*, 9, 1-7.

Miller, B.R., Drake, E.J, Shi, C., Aldrich, C.C. e Gulick, A.M. (2016). Structures of a Nonribosomal Peptide Synthetase Module Bound to MbtH-like Proteins Support a Highly Dynamic Domain Architecture, *The Journal of Biological Chemistry* 291(43), 22559 -22571.

Mohamad, N.H., Chowdhury, A.J.K. e Zainal Abidin, Z.A. (2015). Isolamento selettivo di Actinomycetes da sedimenti di mangrovie di Tanjung Lumpur, Kuantan, Malesia, *Malaysian Journal of Microbiology*, 11(2), 144-155.

Muramatsu, H., Murakami, R., Ibrahim, Z. H., Murakami, K., Shahab, N. e Nagai, K. (2011). Diversità filogenetica di attinomiceti acidofili dalla Malesia, *The Journal of Antibiotics*, 64, 621-624.

Murphy, D. V., Stockdale, E. A., Brookes, P. C. e Goulding, K. W. T. (2007). Impatto dei microrganismi sulle trasformazioni chimiche nel suolo. *In* Abbot, L. K. e Murphy, D. V. (Eds.). *Una chiave per l'uso sostenibile del suolo in agricoltura.* (1[a] ed., pp. 37-59). New York: Springer.

Naikpatil, S. V. e Rathod, J. L. (2011). Isolamento selettivo e attività antimicrobica di attinomiceti rari da sedimenti di mangrovie di Karwar, *Journal of Ecobiotechnology*, 3, 48-53.

Ng, Z.Y. e Tan, G.Y.A. 2018. Isolamento selettivo e caratterizzazione di nuovi membri della famiglia Nocardiopsaceae e altri actinobatteri da un sedimento marino di Tioman Island, *Antonie van Leeuwenhoek* 111, 727-742.

Ng, Z.Y., Fang, B.Z., Li, W.J. e Tan, G.Y.A. (2019). *Marinitenerispora sediminis* gen. nov., sp. nov., un membro della famiglia Nocardiopsaceae isolato da sedimenti marini *Int J Syst Evol Microbiol*, 69, 3031-3040.

Numata, K. e Nimura, S. (2003). Accesso agli attinomiceti del suolo nelle foreste pluviali tropicali malesi, *Actinomycetologica*, 17, 54-56.

Parungao, M. M., Maceda, E. B. G. e Vilano, M. A. F. (2007). Screening di attinomiceti produttori di antibiotici da sedimenti marini, salmastri e terrestri di Samal Island, Filippine, *Journal of Research in Science, Computing and Engineering*, 4, 29-38.

Sabaratnam, V., Christabel, L.J., Thong, K.L., Tan, G.Y.A., Affendi, Y.A. (2008). *Spugne di Tioman e loro abitanti attinomiceti.* In: Storia naturale del gruppo di isole Pulau Tioman. IOES serie monografia. Università di Malaya, Kuala Lumpur, pp. 35-41. ISBN 9789839576351

Saini, A., Aggarwal, N.K., Sharma, A. e Yadav, A. (2015). Attinomiceti: Una fonte di enzimi lignocellulolitici, *Enzyme Research*, 20, 1-15.

Ser, H.L., Zainal, N. Palanisamy, U.D., Goh, B.H., Yin, W.F., Chan, K.G. Lee, L.H. (2015a). *Streptomyces gilvigriseus* sp. nov., un nuovo attinobatterio isolato dal suolo della foresta di mangrovie, *Antonie van Leeuwenhoek,* 107,1369-1378.

Ser, H.L., Palanisamy U.D., Yin W.F., Abd Malek S.N., Chan K.G., Goh B.H. e Lee L.H. (2015b). Presenza di agente antiossidante, Pyrrolo[1,2-a] pyrazine-1,4-dione, hexahydro- in appena isolato *Streptomyces mangrovisoli* sp. nov. *Microbiol.* 6, 854. doi: 10.3389/fmicb.2015.00854

Ser, H.L., Tan, L.T.H., Palanisamy, U.D., Abd Malek, S.N., Yin, W.F., Chan, K.G., Goh, B.H. e Lee, L.H. (2016a) *Streptomyces antioxidans* sp. nov., a Novel Mangrove Soil Actinobacterium with Antioxidative and Neuroprotective Potentials, *Front. Microbiol.* 7:899. doi: 10.3389/fmicb.2016.00899

Ser, H.L., Palanisamy, U.D., Yin, W.F., Chan, K.G., Goh, B.H. e Lee, L.H. (2016b). *Streptomyces malaysiense* sp. nov: Un nuovo attinobatterio del suolo di mangrovia malese con attività antiossidativa e potenziale citotossico contro linee cellulari di cancro umano, *Scientific Reports* 6, 24247 doi: 10.1038/srep24247

Ser, H.L., Yin, W.F., Chan, K.G, Goh, B.H., Lee, L.H. 2018. Potenziali antiossidanti e citotossici di *Streptomyces gilvigriseus* MUSC 26T isolato dal suolo di mangrovie in Malesia, *Prog Microbes Mol Biol* 1(1), a0000002.

Serrano-Gonzalez, M.Y., Chandra, R., Castillo-Zacarias, C., Robledo-Padilla, F., Rostro-Alanis, M.J., Parra-Saldivar, R. (2018). Biotrasformazione e degradazione del 2,4,6-trinitrotoluene da parte del metabolismo microbico e della loro interazione, *Defence Technology,* 14, 151-164.

Subramani, R. e Sipkema, D. (2019). Attinomiceti marini rari: A Promising Source of Structurally Diverse and Unique Novel Natural Products, *Marine Drugs*, 17, 249; doi:10.3390/md17050249

Subramani, R. e Aalsberg, W. (2013). Attinomiceti rari coltivabili: diversità, isolamento e scoperta di prodotti naturali marini, *Applied Microbiology and Biotechnology*, 97, 9291-9321.

Tan, S.M.A., Amirul, A.A., Saidin, J. e Bhubalan, K. (2018). Identificazione di batteri coltivabili da spugne marine tropicali e le loro potenzialità biotecnologiche, *Tropical Life Sciences Research*, 29(2), 187-199.

Theobald, S., Vesth, T.C. e Andersen, M.R. (2019). L'analisi a livello di genere degli ibridi PKS-NRPS e NRPS-PKS rivela la loro origine in Aspergilli, *BMC Genomics,* 20.847.

Tian, J., Chen, H., Guo, Z., Liu, N., Li, J., Huang, Y., Xiang, W. e Chen, Y. (2016). Scoperta di polifenoli pentangolari esaricini A-C da *Streptosporangium* sp. CGMCC 4.7309 marino da genome mining, *Appl Microbiol Biotechnol,* 100, 4189-4199.

Timková, I., Jana Sedláková-Kaduková, J. e Prista, P (2018). Abilità di biosorbimento e bioaccumulo di attinomiceti/streptomiceti isolati da siti contaminati da metalli, *Separations*, 5(54);

doi:10.3390/separations5040054

Ting, A. S. Y., Tan, S. H. e Wai, M. K. (2009). Isolamento e caratterizzazione di attinobatteri con attività antibatterica dal suolo e rizosfera del suolo. *Australian Journal of Basic and Applied Sciences*, 3, 4053-4059.

Ting, A. S. Y., Hermanto, A. e Peh, K. L. (2014). Attinomiceti indigeni da compost di grappoli di frutta vuoti di palma da olio: valutazione sulle proprietà enzimatiche e antagoniste, *Biocatalisi e Biotecnologie agricole*, 3, 310-315.

Tiwari, K. e Gupta, R. K. (2013). Diversità e isolamento di attinomiceti rari: una panoramica, *Clinical Reviews in Microbiology*, 39, 256-294.

Ventura, M., Chancaya, C., Tauch, A., Chandra, G., Fitzgerald, G. F., Chater, K. F. e Sinderen, D. V. (2007). Genomica degli attinobatteri: tracciare la storia evolutiva di un antico phylum, *Microbiology and Molecular Biology Reviews*, 71, 495-548.

Zainal, N., Ser, H.L., Yin, W.F., Tee, K.K., Lee, L.H., Chan, K.G. 2016. *Streptomyces humi* sp. nov., un actinobatterio isolato dal suolo di una foresta di mangrovie, *Antonie van Leeuwenhoek,* 109, 467-474.

Zainal Abidin, Z.A. Diversità degli attinomiceti e caratterizzazione dei composti bioattivi di *Streptomyces* dall'ambiente marino malese. Tesi di dottorato. Universiti Kebangsaan Malaysia. 2013. 247p.

Zainal Abidin, Z.A., Abdul Malek, N., Zainuddin, Z., Chowdhury, A.J.K. (2015). Isolamento selettivo e attività antagonista di actinomiceti dalla foresta di mangrovie di Pahang, Malesia, *Frontiers in Life Science*, 9(1), 24-31

Zainal Abidin, Z.A., Chowdhury, A.J.K., Abdul Malek, N., Zainuddin, Z. (2018). Diversità, capacità antimicrobiche e potenziale biosintetico degli attinomiceti delle mangrovie dalle acque costiere di Pahang, Malesia, *Journal of Coastal Research* 82, 174-179.

Zhi, X. Y., Li, W. J. e Stackebrandt, E. (2009). Un aggiornamento della struttura e della definizione basata sulla sequenza del gene 16S rRNA dei ranghi superiori della classe *Actinobacteria*, con la proposta di due nuovi sottordini e quattro nuove famiglie e la modifica della descrizione dei taxa superiori esistenti, *International Journal of Systematic and Evolutionary Microbiology*, 59, 589-608.

Zin, N. M., Sarmin, N. I. M., Ghadin, N., Basri, D. F., Sidik, N. M., Hess, W. M. e Strobel, G. A. (2007). Streptomiceti endofiti bioattivi dalla penisola malese, *FEMS Microbiology Letters*, 274, 83-88.

Cambiamento climatico e difesa costiera in Malesia: Una rassegna

Muhammad Zahir Ramli1*, Muhammad Adil Ramzi2, Muhamad Syafiq Safwan2, Nur Adawiyah Isa2, Minhalina Ahmad2, Nur Azierah Samsu Bahari2, Kamaruzzaman, B.Y1

1Dipartimento di Scienze Marine, Kulliyyah of Science, International Islamic University Malaysia, 25200 Kuantan, Pahang, Malaysia
2Istituto di oceanografia e studi marittimi, Kulliyyah of Science, International Islamic University Malaysia, 25200 Kuantan, Malaysia
Autore corrispondente: mzbr@iium.edu.my

ABSTRACT

Le zone costiere di tutto il mondo stanno affrontando un numero crescente di popolazioni a causa del rapido sviluppo ed espansione per le aree residenziali, industriali e turistiche. Ci sono circa il 50% della popolazione globale che abita le zone costiere. Con l'attuale cambiamento climatico, le zone costiere sono esposte all'innalzamento del livello del mare e alle inondazioni che potrebbero portare catastrofi alle regioni a bassa quota. Molti paesi hanno sviluppato piani di mitigazione e adattamento dove la maggior parte degli approcci comporta l'alterazione della linea di costa naturale attraverso la costruzione di difese costiere. Ci sono molte strategie chiave nell'implementazione della difesa costiera con l'obiettivo di ridurre o minimizzare l'impatto verso la linea di costa. Questa rassegna fornisce una visione dei diversi approcci delle difese costiere in Malesia, concentrandosi in particolare sull'erosione o sull'inondazione, sulle condizioni morfologiche e sull'uso del suolo. Questo articolo evidenzia anche il miglioramento necessario per resistere all'impatto dell'innalzamento del livello del mare. Questa revisione andrà a beneficio dei ricercatori che vorrebbero esplorare il parametro chiave nella progettazione della struttura della difesa costiera.

Parole chiave: Cambiamento climatico, Difesa delle coste, Erosione, Sormonto, Gestione delle coste.

INTRODUZIONE

Le zone costiere sono ambienti vulnerabili che ricevono continuamente minacce dannose. Queste minacce derivano tipicamente dallo sviluppo massiccio e dalla rapida urbanizzazione delle aree costiere, nonché da fenomeni naturali come il cambiamento climatico e l'innalzamento del livello del mare. Con ciò, sono state prese molteplici iniziative per superare i problemi relativi alle zone costiere, in particolare per quanto riguarda l'erosione della linea di riva. Numerose strutture di protezione costiera sono state sviluppate lungo le coste colpite in Malesia. Tali strutture coinvolgono sia strutture di ingegneria morbida che dura. Principalmente, costruendo le strutture di protezione costiera, l'erosione e l'inondazione delle coste di alto valore possono essere prevenute e ridotte, le spiagge e le terre recuperate possono essere stabilizzate così come il valore ricreativo della costa può essere aumentato. Su scala globale, la proliferazione di strutture artificiali di protezione costiera nell'ambiente marino è principalmente legata all'adattamento al cambiamento climatico che mira contemporaneamente a tenere il passo con i crescenti usi commerciali e ricreativi delle zone costiere.

Tuttavia, senza un piano e una progettazione appropriati prima della costruzione delle strutture di protezione costiera, così come la mancanza di manutenzione, numerosi problemi potrebbero potenzialmente sorgere in certi periodi di tempo dopo la costruzione. Uno dei problemi principali include l'interruzione del trasporto dei sedimenti litoranei che alla fine potrebbe portare al processo di deposizione dei sedimenti. Oltre a ciò, una progettazione impropria potrebbe contribuire al collasso delle strutture di protezione costiera. Soprattutto, questi problemi indicano il fallimento delle strutture ed esercitano quindi maggiori sfide alla gestione costiera. Pertanto, questa rassegna intende discutere diversi componenti che includono le principali minacce alle zone costiere, le strutture di protezione costiera che sono state costruite in Malesia, le sfide alle strutture di protezione costiera così come alcuni suggerimenti da applicare per superare le sfide esistenti.

Principali minacce alle zone costiere

Le zone costiere subiscono enormi cambiamenti a causa dell'introduzione di pressioni sia naturali che antropiche. Queste pressioni hanno direttamente e indirettamente sconvolto la stabilità dei litorali. L'erosione del litorale è una delle principali minacce. Lo squilibrio tra l'offerta e l'esportazione di materiali che sono principalmente dominati da sedimenti da e verso una zona costiera può essere riconosciuto come l'erosione della linea di riva (Najib, Ab Ghani, Abdullah & Ahmad, 2017). Una linea costiera erosa può essere comunemente rilevata attraverso lo spostamento verso terra della linea di riva. In base al National Coastal Erosion Study 1984, circa il 29% o 1.380 km di coste malesi hanno avuto problemi di erosione, il 52% dei quali si sono verificati nella Malesia peninsulare (Ministero delle risorse naturali e dell'ambiente, 2009). L'urbanizzazione lungo le zone costiere è uno dei maggiori contribuenti. Le zone costiere in Malesia sono diventate il centro delle attività economiche urbane e rurali, per cui fino al 70% della popolazione malese vive nelle zone costiere (Najib et. al., 2017).

Oltre a questo, componenti naturali come il vento, le onde, le maree e le correnti sono anche inclusi tra i contributori all'erosione costiera. In certi mesi dell'anno, la Malesia peninsulare è particolarmente soggetta a fenomeni legati al vento, noti come stagioni dei monsoni. Questi fenomeni peggiorano successivamente i problemi di erosione costiera. Lo studio mostra che c'è un aumento dei casi di erosione costiera nella Malesia peninsulare dal 2013 al 2017 (Yanalagaran, et al. 2019). In generale, una correlazione significativa può essere osservata tra le velocità medie del vento e il numero di casi di erosione (Figura 1). Si trova che nel mese di febbraio e dicembre, i più alti casi di erosione costiera sono allineati con la velocità media del vento più veloce. Questi due mesi cadono sotto la durata della stagione dei monsoni di nord-est che è tra novembre e marzo. D'altra parte, durante il monsone di sud-ovest, che è tra maggio e settembre, si osserva il minor numero di casi di erosione con alcune fluttuazioni. In altre parole, il verificarsi del monsone di nord-est esercita un impatto maggiore sull'erosione costiera nella Malesia peninsulare rispetto al monsone di sud-ovest.

Inoltre, su 14 stati della Malesia peninsulare, nove di loro soffrono di problemi di erosione costiera. Tali stati includono Johor, Melaka, Negeri Sembilan, Kelantan, Pahang, Pulau Pinang, Perak, Selangor e Terengganu (Tabella 1). In Malesia, sulla base del National Coastal Erosion Study 2015, fino a 44 spiagge hanno sperimentato l'erosione nel suo complesso e sono state classificate sotto la categoria 1 che è indicata come casi critici (Department of Irrigation and Drainage Malaysia, 2015).

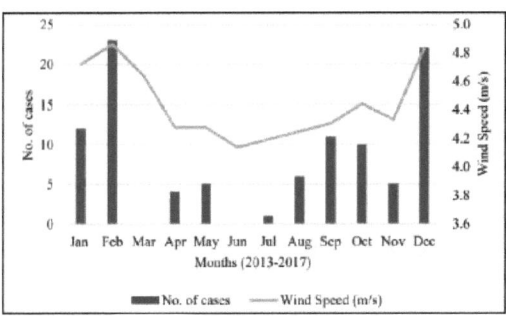

Fig. 1: Grafici della velocità del vento e del numero di casi di erosione costiera nella Malesia peninsulare (Yanalagran et al., 2019)

Tabella 1: Lunghezza della costa erosa in diverse spiagge in Malesia

Stato	Spiaggia	Lunghezza della costa erosa (m)
Kedah	Pantai Pasir Hitam	345.5
	Kampung Penarek	134.1
	Kampung Padang Salin	649.5
Pulau Pinang	Persiaran Bayan Indah	1138.4
	Taman Molek	438.7
	Persiaran Bayan Mutiara	610
	Kampung Benggali	263
	Kampung Kuala Muda	598.1
	Ovest di Kampung Benggali	828.1
	Kampung Permatang Rawa	1678.1
Perak	Kuala Kurau	1861
Selangor	Kampung Batu Laut	1384.9
	Pantai Jeram - Pantai Remis	3438.5
Negeri Sembilan	Pantai Teluk Kemang, Batu 8	2314.7
	Taman Tuah Batu	1621.8
	The Regency Tanjung Tuan Beach Resort, Batu 5	459.1
	Kampung Gelam	264
	Lungomare PD	131.9
	Ufficio distrettuale di Port Dickson	734.4
Melaka	Kampung Portugis	219.4
Pahang	Pantai Cherating	1004.7
	Taman Gelora	497.6
Terengganu	Kampung Teluk Budu	1763
	Taman Geliga	1921
	Pantai Kemasik	308
	Pantai Seberang Takir	935
	Pantai Teluk Lipat	802
	Pantai Paka (Fossa di sabbia)	2557
	Kampung Pak Tuyu	16426
	Kampung Aur	1657
Kelantan	Pantai Kundor-Pantai Cahaya Bulan	952
	Pantai Mek Mas	997
Sarawak	Nord-est di Sungai Maludam	2286.5
	A sud di Tanjung Bungai	3557.1
	Tanjung Paloh	3865.2
	Kampung Semarang	3484.2
	Kampung Santubong	408.2
	Kampung Buntal	1527.7
	Sebangan Bajong (Kampung Sungai Rama)	3465.4
Sabah	Jalan Putatan	841.6
	Kampung Marasimsim	814.8
	Tanjung Tunku	1314.4
Pulau Labuan	Pantai Sungai Pagae vicino a Labuan	597.2

reggio

Difesa costiera in generale

La zona costiera è una zona dinamica che è altamente popolata e solitamente attiva con attività economiche come il porto, le industrie turistiche e altre infrastrutture. Oltre a questo, la zona costiera è anche sede di molti animali e piante marine come mangrovie, coralli, dugonghi e molti altri. Tuttavia, gli sviluppi lungo la zona costiera al giorno d'oggi hanno messo sotto pressione l'area. L'erosione costiera è il problema comune che si verifica nelle zone costiere. Secondo Foti et al. (2020), l'erosione costiera è la conseguenza delle attività umane e dei cambiamenti naturali sbilanciati dovuti all'azione dinamica delle onde, delle correnti e dei venti con conseguente ritiro e perdita di sedimenti nella zona costiera. Inoltre, le attività antropogeniche come l'urbanizzazione, l'estrazione della sabbia e i progetti di risorse idriche sono i fattori principali dell'erosione costiera in quanto queste attività disturbano e riducono il trasporto dei sedimenti per raggiungere l'area della spiaggia.

Le strutture di difesa costiera possono essere classificate in due categorie: strutture di ingegneria dura e strutture di ingegneria morbida. La prima categoria comprende strutture come dighe, pennelli, moli e frangiflutti (Hamakareem, 2012). Nel frattempo, l'installazione di strutture geotessili, barriere artificiali, palificazione idraulica, spiagge drenanti, by-pass e ripascimento sono tra i metodi comuni che vengono applicati per le strutture di ingegneria dolce (Atlantic Network for Coastal Risks Management, 2017). Anche se tutte queste strutture svolgono un ruolo simile nella protezione delle fragili aree costiere, la loro installazione varia a seconda delle diverse esigenze e situazioni.

Ruolo della difesa costiera in Malesia Malesia peninsulare

Costa orientale peninsulare

La costa orientale della Malesia è la regione più vulnerabile all'erosione rispetto alla costa occidentale, quindi più difese costiere sono state costruite in questa zona. Nella parte nord della costa orientale della Malesia, Terengganu è uno degli stati che è più colpito durante la stagione dei monsoni. Terengganu ha implementato varie difese costiere come frangiflutti, pennelli e rivestimenti di roccia. Secondo Ariffin et al., (2019) la costa di Kuala Terengganu sperimenta una stagione monsonica annuale che ha bisogno dell'implementazione di difese costiere per proteggere la zona costiera dall'erosione. Oltre a questo, le strutture costiere costruite in questa regione sono anche per ridurre l'impatto dallo sviluppo costiero. Secondo Syakir et al. (2020), più difese costiere sono state costruite a circa 4 km vicino a Kuala Nerus per ridurre l'impatto dell'erosione dovuta allo sviluppo dell'aeroporto Sultan Mahmud.

Successivamente, Pahang ha anche implementato le difese costiere per ridurre il problema dell'erosione che è dovuto principalmente alla stagione dei monsoni e al pesante scarico del fiume Pahang. Secondo Amri Mohd et al. (2018) la regione costiera di Pahang da Cherating a Pekan è vulnerabile al monsone di nord-est, mentre il Kuala Pahang ha sperimentato un problema di erosione di livello 5 a causa dell'elevata rimozione del carico di sedimenti dal fiume Pahang. L'implementazione di frangiflutti e rivestimenti di roccia sono stati attivamente costruiti specialmente al porto di Tg Gelang e a Kuala Pahang dove queste due aree sono state pesantemente danneggiate. Scendendo verso la parte sud della regione della costa orientale, Tanjung Piai, situata a Johor, è prominente con pesanti problemi di erosione dovuti alla navigazione e all'attività di sviluppo costiero. Per frenare l'estensione dell'erosione, sono state usate varie difese costiere come sacchi di geotessile, rivestimenti di roccia, tubi di geotessile e rivestimenti di roccia morbida. Secondo Awang, Jusoh, & Hamid, (2014), una serie di difese costiere sono state implementate dal 2003 a partire dal sacchetto geotessile, dalle dighe nel 2007 al rivestimento in roccia utilizzando roccia morbida nel 2010, il problema dell'erosione sul sito Ramsar è ancora in corso.

Costa orientale peninsulare

La regione della costa occidentale della Malesia peninsulare riceve un minore impatto delle onde dal mare aperto rispetto alla regione della costa orientale. Tuttavia, l'erosione costiera della regione della costa occidentale è stata segnalata a causa della pesante attività di navigazione lungo lo stretto e della rimozione delle mangrovie per lo sviluppo costiero. Secondo Shin, Kim, Hakam, & Istijono, (2019), la zona costiera occidentale è dominata dall'habitat delle mangrovie. Tuttavia, dagli anni '80, la quantità di mangrovie lungo la costa si è ridotta a causa dello sviluppo costiero che promuove erosione costiera. L'implementazione delle difese costiere nella costa occidentale è più verso l'ingegneria dolce per sostenere la crescita della mangrovia come barriera naturale. Inoltre, i metodi convenzionali come il rivestimento in cemento impediscono l'erosione costiera, ma non promuovono il nutrimento naturale dei sedimenti. Quindi, un approccio di ingegneria morbida è preferibile e adatto ai sedimenti fangosi della regione della costa occidentale. Per esempio, l'implementazione di frangiflutti in geotubi a Sungai Haji Dorani Selangor ha riportato un successo perché i frangiflutti in geotubi sono più adatti in aree con forze idrodinamiche minori.

Inoltre, gli sforzi di reimpianto di mangrovie sono adatti anche per la regione della costa occidentale. L'isola di Carey, situata a Selangor, ha precedentemente sperimentato un'estrema perdita di mangrovie a causa dell'attività antropogenica. Ciò è dovuto alla posizione dell'isola di Carey che è a 70 km da Port Klang, anche il fattore principale del ritiro della mangrovia. Per evitare che la perdita di mangrovie influisca sull'erosione, è stato condotto un reimpianto strutturato di mangrovie. Secondo Bakrin Sofawi, Rozainah, Normaniza, & Roslan, (2017), il reimpianto strutturato di mangrovie che ha usato un bund artificiale e un frangi onda ecologico è stato trovato di successo.

Sabah e Sarawak
L'implementazione delle difese costiere in Sabah e Sarawak è molto limitata nella letteratura. Sulla base del NCES 2015, le spiagge sabbiose sono comuni alla costa del Sarawak mentre l'argilla e il limo sono terreni comuni lungo la costa del Sabah. Generalmente, l'argilla e il limo sono associati alle foreste di mangrovie che sono la protezione naturale contro le onde. Tuttavia, le aree di mangrovie stanno diminuendo a causa dell'azione delle onde, dei disastri naturali e delle attività umane che includono lo sviluppo del turismo nelle zone costiere come resort e chalet. Tra le difese costiere realizzate dall'uomo in Sabah c'è l'uso di strutture artificiali per ricostruire le perdite della linea di costa nell'isola di Selingan, Sandakan. Secondo Chen, Saleh, Yap, & Isnain, (2018), l'isola di Selingan è il famoso luogo di nidificazione delle tartarughe e parte del Turtle Island Park (TIP) che ha subito l'erosione della spiaggia con conseguente riduzione del terreno di nidificazione. Quindi, le Reef balls come strutture artificiali sono state inventate e implementate per ripristinare la spiaggia erosa. L'implementazione della struttura ha aumentato la spiaggia sabbiosa nella parte meridionale dell'isola.

In seguito, similmente al Sabah, il Sarawak ha anche meno documentato la recente struttura costiera applicata allo stato. La recente pubblicazione delle difese costiere del Sarawak è stata nel 2018 che è stato l'impatto dell'erosione nella regione costiera di Miri a causa del pesante carico di sedimenti dai fiumi. Secondo Anandkumar et., (2018), è stato condotto uno studio dal fiume Baram a Bungai Beach che ha coperto 11 importanti punti turistici e spiagge commerciali a circa 74 km per determinare l'accrezione e l'erosione lungo la riva. La valutazione ha scoperto che il modello di accrezione è iniziato dopo la costruzione di frangiflutti, pennelli e rivestimenti di roccia lungo l'area erosa. 546 acri di area erosa sono stati recuperati a 746 acri dopo l'implementazione della struttura di difesa costiera.

Applicazioni di diversi tipi di difesa costiera in Malesia
La gestione dei problemi costieri come l'erosione costiera può essere effettuata efficacemente solo attraverso l'uso di metodi e tecniche adeguate. Questo include l'utilizzo di protezioni costiere, che comprendono sia la difesa dura che quella morbida (Williams et al., 2018). Ciascuna di queste protezioni costiere può essere utilizzata per diverse applicazioni e scopi a seconda delle esigenze e delle condizioni incontrate.

Ingegneria dolce
Nutrimento
I riempimenti di spiaggia o i ripascimenti si riferiscono all'aggiunta di sabbia sulla spiaggia colpita o erosa al fine di aumentare sia la larghezza che l'altezza della spiaggia. Questa tecnica di ingegneria

dolce può essere trovata in tutto il mondo, principalmente nella zona costiera con sviluppo massiccio, in quanto funziona per ridurre gli impatti dell'erosione ingestibile. Secondo Mangor et al. (2017), il ripascimento può essere raggruppato in cinque tipi: ripascimento delle dune, ripascimento del litorale, ripascimento della spiaggia, ripascimento della superficie della riva e ripascimento del profilo (Figura 2). Ogni tipo di ripascimento ha uno scopo diverso, per esempio, il ripascimento delle dune serve a rafforzare la duna contro la rottura durante l'erosione acuta, mentre il ripascimento backshore serve a rafforzare la parte superiore della spiaggia (ai piedi delle dune).

Il ripascimento è uno degli approcci che è molto flessibile e adatto ad adattarsi all'aumento del livello del mare in quanto il ripascimento può essere facilmente regolato. Attraverso questo metodo, l'investimento costiero così come il valore della spiaggia possono essere mantenuti e conservati rispettivamente per il bene del turismo e della ricreazione (Masria et al., 2015). Il vantaggio principale di questa difesa morbida è dovuto al suo principio di funzionamento che è altamente flessibile nel permettere alla sabbia di spostarsi continuamente in risposta al cambiamento delle onde e dei livelli dell'acqua. Inoltre, l'aggiunta di sedimenti che soddisfano le forze erosive può successivamente diminuire gli impatti dell'erosione costiera, fornendo allo stesso tempo benefici alle aree adiacenti attraverso la distribuzione di sedimenti attraverso la deriva longshore. Anche così, questa tecnica non può ancora essere considerata come una soluzione migliore in quanto si tratta di rifornimenti periodici e non permanenti. Oltre a questo, l'aggiunta di sedimenti può anche imporre alla fine impatti negativi per l'ambiente attraverso la sepoltura diretta di animali e organismi che risiedono sulla spiaggia (Masria et al., 2015). In Malesia, la maggior parte delle spiagge che è diventata attrazione turistica ha fatto il ripascimento, per esempio a Teluk Chempedak, Pahang.

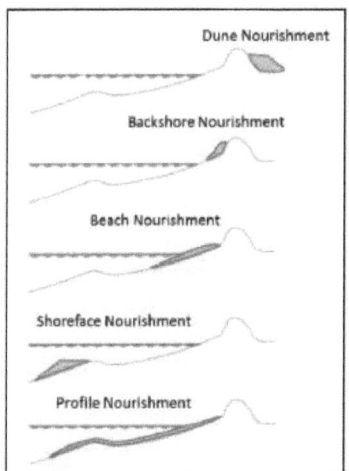

Fig. 2: Diversi tipi di approccio al nutrimento

Scarico della spiaggia

Il drenaggio della spiaggia o noto come disidratazione della spiaggia è un sistema che si basa sul drenaggio nella spiaggia. Sulla base di Mangor *et al* (2017), il drenaggio della spiaggia aiuta ad aumentare il livello della spiaggia vicino al tubo di installazione che migliora direttamente la larghezza della spiaggia. L'approccio al drenaggio della spiaggia è sempre supportato da sistemi di moduli di equalizzazione della pressione (PEM). Si tratta di tubi verticali che sono disposti formando una matrice lungo la spiaggia e aiutano ad accrescere la sabbia per ridurre l'erosione. Il sistema PEM migliora e potenzia la capacità della spiaggia di drenare, il che fa sì che più acqua possa essere drenata nello strato superiore della spiaggia. Così, più sabbia depositata piuttosto che spazzata via dalle onde. Attraverso questo, il livello delle acque sotterranee può essere mantenuto a un livello basso (Masria et al, 2017). L'applicazione del sistema di drenaggio della spiaggia è migliore per le spiagge sabbiose esposte alla marea e talvolta moderatamente esposte alle onde. Va bene anche per le spiagge che hanno solo un'erosione minore per ridurre i costi necessari. Tuttavia, il titolo non è adatto per applicare il sistema di drenaggio della spiaggia quando la spiaggia è gravemente danneggiata a causa dell'erosione e dell'erosione causata dall'aumento del livello del mare. A Kuantan, il sistema PEM è stato usato per il ripascimento nel 2004 per combattere l'erosione costiera. La valutazione dopo il processo di monitoraggio ha mostrato che i sistemi PEM e il metodo di ripascimento a Kuantan hanno successo non solo contro l'erosione minore, ma anche contro l'aumento della larghezza e del livello della spiaggia.

Restauro di paludi e mangrovie

Il restauro è un processo che mira a riportare un sistema alle condizioni preesistenti (Schmitt & Duke, 2015). La definizione di restauro di paludi e mangrovie si riferisce alla protezione della stabilità della piattaforma di paludi e mangrovie contro l'erosione e le inondazioni. La foresta di mangrovie agisce come una barriera naturale per assorbire e dissipare l'energia delle onde dall'acqua del mare. La stabilità di queste piattaforme sarà minacciata se la vegetazione della fascia fosse danneggiata (Mangor et al, 2017). La protezione delle piattaforme costiere basse richiede una gestione efficace e una buona partecipazione pubblica, in particolare della comunità costiera. La mangrovia aiuta come barriera naturale per superare qualsiasi perturbazione o disastro cioè tsunami o storm surge che può colpire le proprietà costiere intorno alle zone costiere. Il restauro delle mangrovie può essere ripristinato imponendo restrizioni alle attività nell'area delle mangrovie, piantando nuova vegetazione di mangrovie e ristabilendo il flusso naturale nell'area delle mangrovie. Mentre per le piattaforme di palude, può essere ripristinato promuovendo la crescita naturale della palude attraverso la costruzione di trappole di siltation sulla bassa marea per migliorare la crescita della palude. In Malesia, il governo ha stanziato una certa quantità di fondi per la riabilitazione delle mangrovie nell'ambito del 9° piano malese e un piccolo budget è stato dato per la conduzione di R&S in materia (Rahman & Asmawi, 2016). Affinché il programma di ripristino sia efficace, una buona pianificazione e una grande valutazione del sito sono essenziali per garantire la sopravvivenza della cintura di mangrovie nella zona costiera bassa. Il successo del restauro delle mangrovie in Malesia può essere visto a Carey Island, dove il restauro è stato supportato da un bund artificiale e da un frangionde ecologico.

Fig. 3: Rigenerazione naturale di *Rhizophora apiculata*

98

Ingegneria dura

Frangiflutti

Il frangiflutti si riferisce a una struttura costruita per formare un porto artificiale con un bacino che è protetto dagli effetti delle onde. I frangiflutti possono essere divisi in due tipi principali: frangiflutti staccati e frangiflutti sommersi. Le differenze nell'applicazione di queste strutture sono che il primo aiuta a promuovere una distribuzione uniforme del materiale litorale lungo la linea di costa, mentre il secondo aiuta a proteggere i porti e i canali di navigazione dall'azione delle onde. Così, una zona calma può essere creata per le navi e le attività turistiche. Assorbendo le onde, i frangiflutti aiutano a ridurre l'energia delle onde nella parte sottovento del frangiflutti, creando così naturalmente salienti o tomboli dietro la struttura che sono in grado di influenzare il trasporto di sedimenti longshore (Shin et al., 2019). Non solo, il design attuale dei frangiflutti, in particolare il tipo sommerso tende a

servire un altro scopo come una barriera artificiale multiuso che può indirettamente aiutare a sviluppare l'habitat dei pesci mentre protegge la costa.

Tuttavia, le maggiori sfide nell'utilizzo dei frangiflutti come protezioni costiere sono relativamente molto difficili da costruire e richiedono un design speciale per ricevere un risultato efficace. Nella costruzione di frangiflutti, ci sono alcuni parametri che dovrebbero essere considerati come l'impatto ambientale, l'indagine geotecnica, l'attrezzatura usata per ottenere i sedimenti necessari e l'indagine idrografica. Inoltre, le strutture sono anche abbastanza vulnerabili alla forte azione delle onde, quindi richiedono strutture aggiuntive per sostenere quelle (Izzat et al., 2018). Il fallimento comune nei frangiflutti di solito proviene dai suoi elementi strutturali e dal ribaltamento del muro. A Terengganu, una serie di frangiflutti sono stati costruiti per ridurre l'impatto dell'erosione causata dalla costruzione dell'estensione dell'aeroporto che cambia significativamente il trasporto dei sedimenti ed erode notevolmente Pantai Tok Jembal.

Fig. 4: Un singolo frangiflutti attaccato a Terengganu

Groynes

I pennelli d'altra parte sono strutture che sono costruite perpendicolarmente alla linea di costa e lavorano per bloccare parti della deriva litorale intrappolando e mantenendo la sabbia nelle aree a monte. Attraverso l'uso dei pennelli, gli effetti dell'erosione possono essere diminuiti quando si avvicina alla linea di costa, alterando la corrente e i modelli delle onde. I pennelli possono consistere in diverse forme, sia emerse, sia inclinate o sommerse, e possono essere in forme singole o in gruppi, conosciuti come campi di pennelli. Per quanto riguarda i materiali utilizzati, i pennelli possono consistere in legno, palancole, calcestruzzo, macerie e sabbia (Masria et al., 2015). Diversi tipi di materiali possono essere utilizzati in diverse condizioni a seconda del livello di protezione richiesto. Inoltre, questa struttura è ben favorita per essere utilizzata in particolare nelle aree turistiche in quanto può costruire una spiaggia, con il risultato di una spiaggia più ampia che è possibile attirare i turisti. Anche così, gli svantaggi di questa struttura sono che richiede una manutenzione frequente e limitata alle zone con onde medie. Altrimenti, le onde forti penetreranno fino alla parete della scogliera, causando l'ulteriore erosione della scogliera (Williams et al., 2018).

Pareti marittime
Seawall è una struttura rigida che è stata costruita lungo la linea di costa, ai piedi di possibili dune. Seawall è stato costruito per prevenire i problemi di erosione e l'arretramento della costa proteggendo il litorale dall'azione delle onde e dalle mareggiate. Non solo, i seawalls forniscono anche altri benefici come le opportunità per le visite turistiche e le attività ricreative. È progettato per proteggere la linea costiera resistendo alla forza di
le mareggiate. Una tipica diga marittima di solito ha una struttura inclinata che può essere a pendenza liscia, a gradini o curva. Generalmente, ci sono tre disegni di diga che sono la struttura a cumuli di macerie, la diga a blocchi e la struttura in acciaio o legno. A volte, il revetment è stato usato anche come supplemento alla diga per rallentare il processo di dilavamento alla punta della diga o a volte è stata usata una singola struttura nelle aree meno esposte. Se la punta della diga è danneggiata, causerà il ribaltamento del muro. Questa è la ragione principale per cui la maggior parte delle dighe costruite sono fallite. Pertanto, è importante fornire protezione alla punta durante il processo di progettazione della diga. La costruzione di dighe può essere costosa, ma con strutture molto ben pianificate e progettate, può essere la soluzione migliore per la protezione costiera (Strain et al., 2018; Strain et al., 2020).

Fig. 5: Costruzione di una semplice diga a Padang Kota Lama, Penang Esplanade

Revetment
Il revetment è una struttura passiva, una struttura parallela alla riva che viene costruita che assomiglia alle dighe, tranne che il revetment è costruito con una pendenza più orizzontale, più sciolta di una diga. Una diga è una struttura verticale mentre il revetment ha una pendenza distinta (Paeniu et al, 2015). Secondo Sadeghi & Al-Othman (2019), il revetment è una struttura parallela alla linea di riva per proteggere la costa dalle erosioni assorbendo e riducendo l'energia delle onde prima che raggiungano le rive. Tuttavia, la prevenzione non protegge dalle inondazioni ed è considerata come un supplemento ad altri tipi di strutture come le dighe o gli argini. Ci sono due gruppi comuni di rivestimenti che sono

esposti e interrati. Per quanto riguarda il revetment esposto, ci sono molti tipi che si possono trovare che sono cemento ad incastro (Flex Slabs), blocchi di cemento, materassi a rete riempiti di pietra e tubi di sabbia geotessile.

Hanno aggiunto che ci sono tre parti importanti nel revetment: i) strato di armatura, parte importante che protegge dall'azione delle onde, ii) zona filtro, blocca i sedimenti e permette all'acqua di passare attraverso e iii) rivestimento di punta, protegge la struttura dal dislocamento e fornisce il supporto necessario. Una delle applicazioni del revetment può essere vista a Sungai Burung, Selangor, usando l'unità di armatura semplificata 'H' o SAUH come revetment in cemento per la protezione di scarpate e bund (Department of Irrigation and Drainage Malaysia, 2017). Ciononostante, il revetment esibisce un alto impatto visivo sul paesaggio che può essere peggiore in quanto può rendere alcune spiagge inaccessibili alle persone.

Fig. 6: rivestimento Flex Slab lungo la riva del fiume a Labuan

Fig. 7: SAUH in uso a Sungai Burung, Selangor

Fig. 8: Esempi di fallimenti di rivestimenti in blocchi di cemento in Malesia: A sinistra: dilavamento della punta (Penang). A destra: Per tracimazione (Labuan).

Applicazioni di diversi tipi di difesa costiera in Malesia
Tubo geotessile nella costa sabbiosa di Teluk Kalong, Malesia

La grave erosione della spiaggia sabbiosa è diventata un difetto importante a Teluk Kalong, uno dei luoghi popolari del turismo in Malesia. Ciò è dovuto agli effetti delle rapide azioni delle onde e del monsone del nord-est, in cui l'altezza delle onde può raggiungere fino a 1,8 metri e 4,8 metri rispettivamente. A causa di questi fattori, un progetto di rimedio sotto il Dipartimento dei Lavori Pubblici è stato realizzato per contrastare questo problema. Questo progetto di ripristino della spiaggia intende migliorare il valore del lungomare e ridurre il livello di erosione ad un costo minimo (Lee et al., 2014). Per questo progetto, sono state utilizzate strutture geotessili in tubo geosintetico che sono frequentemente utilizzate per la protezione costiera. A parte il suo basso costo e la velocità di installazione, il tubo geotessile è stato applicato per la sua capacità di difesa costiera e richiede solo attrezzature semplici.

Lungo la linea di costa, un totale di 500 m di lunghezza dei tratti è coperto dai tubi geotessili con un diametro di 3,5 e si trova a 150 m al largo. Attraverso questa protezione costiera, è stato riportato che l'uso di tubi di geotessile è efficace in questo progetto in quanto vi è un aumento di 1,8 m in media per lo spessore del sedimento con un accumulo stimato di 87.317 m3 di sedimenti (Lee et al., 2014). Questo perché, questo restauro della spiaggia aiuta a diminuire il livello dell'acqua sottovento ai tubi geotessili e quindi a diminuire le forze delle onde in entrata che raggiungono la spiaggia. Così, l'energia dinamica in entrata che porta all'erosione della linea di riva è ridotta, con conseguente basso tasso di erosione (Lee et al., 2014). Le differenze nella condizione della spiaggia tra prima e dopo l'installazione dei tubi di geotessile sono rappresentate nella Figura 9.

Fig. 9: Condizione della spiaggia (a) prima e (b) dopo l'installazione di tubi geotessili (2007 - 2008)

Palle di barriera frangiflutti nell'isola di Selingan

L'applicazione della struttura artificiale può essere vista nell'isola di Selingan come una delle isole del Turtle Islands Park (TIP) che è continuamente colpita dall'erosione della spiaggia. Essendo un luogo turistico che offre ai turisti l'esperienza della nidificazione delle tartarughe, l'erosione dovuta agli impatti delle stagioni dei monsoni, agli eventi estremi e ai processi costieri locali causa vari danni in particolare all'habitat e alle infrastrutture. Per questo motivo, Sabah Parks ha iniziato a collaborare con la Reef Ball Foundation per l'installazione di palle di barriera come protezione costiera. Un totale di 290 serie di palline di barriera sono state installate nella parte meridionale dell'isola, disponendole in tre file diverse per scopi di stabilità (Chen et al., 2018). La disposizione delle palle di scogliera installate nell'isola di Selingan è rappresentata nella figura 4. Oltre a stabilizzare il litorale attraverso l'attenuazione e la rifrazione delle onde come un frangiflutti sommerso, le palle di barriera funzionano anche come casa per varie forme di vita marina.

Attraverso l'applicazione di questa struttura costiera, il processo di deposizione di sabbia ha mostrato un incremento dal 2010 al 2017 nella parte meridionale dell'isola di Selingan. Questo accade a causa dell'onda che si rompe quando entra in contatto con le sfere della barriera, riducendo così l'energia delle onde quando l'acqua si avvicina alla riva, diminuendo l'impatto erosivo. Oltre a questo, anche l'attività di nidificazione delle tartarughe è stata riportata come attiva rispetto alla condizione prima dell'installazione delle palline di barriera, indicando che l'utilizzo della barriera

Le palle frangiflutti nell'isola di Selingan possono essere concluse come efficaci (Chen et al., 2018). Nonostante ciò, la sfida principale che ha coinvolto questo progetto è che le prestazioni delle palle di barriera nella protezione della linea di riva sono altamente dipendenti dall'energia delle onde in arrivo. Così, solo quando l'energia delle onde è bassa, le palle di barriera sono in grado di funzionare nel rallentare le onde e permettere alla sabbia di essere depositata su queste strutture o nelle vicinanze (Chen et al., 2018).

Fig. 10: Disposizione delle palline di barriera nell'isola di Selingan

Lo stato delle conoscenze sui successi e i fallimenti delle difese costiere in Malesia
Sulla base di ciò che è stato esaminato, si capisce veramente cosa è stato fatto nell'implementazione della difesa costiera nel preparare le sfide affrontate dalle aree costiere. Tuttavia, ci sono sempre rischi di impatti negativi se il processo di selezione e lo sviluppo vengono ignorati dalle agenzie responsabili. In seguito, i processi di pre-sviluppo e post-sviluppo sono anche significativi per assicurare il successo dei progetti per superare queste sfide. Quindi, bisogna tenere a mente che la selezione delle strutture di difesa costiera, sia di difesa dura che morbida, deve essere adatta a proteggere la linea di costa. In generale, una buona condizione e un buon ambiente delle aree costiere sono essenziali per accedere alla capacità dell'opzione di difesa costiera di funzionare come richiesto (Chadwick, A., 2020). Le cause e gli effetti delle sfide costiere devono sempre essere presi in considerazione quando si tratta di opere che coinvolgono il movimento litorale. Questo perché la realizzazione di strutture costiere può influenzare la morfologia costiera e provocare l'erosione o l'accrescimento dei litorali. Per esempio, in alcuni casi, i percorsi di sedimentazione possono provenire da fonti offshore, mentre in altri casi, questi processi possono non essere più attivi. Quindi, questa revisione sottolinea fortemente che l'idoneità della morfologia costiera come base deve essere considerata nella scelta dell'opzione e del design della difesa costiera.

Inoltre, la difesa soft-engineered come la ricostituzione della sabbia sarebbe meglio implementata come difesa naturale contro l'erosione costiera e le inondazioni. L'approccio è considerato rispettoso dell'ambiente a causa del paesaggio indisturbato dell'area della spiaggia rispetto alla difesa ingegneristica. Tuttavia, questo approccio ha bisogno di una manutenzione costante ogni anno con l'aggiunta di sabbia e ghiaia, poiché i materiali depositati in precedenza sulla spiaggia sono stati spazzati via dalle onde. Tuttavia, quando la vita umana e i beni umani possono essere a rischio e devono essere protetti, l'uso di elementi duri per una difesa può essere essenziale e inevitabile. È importante che le strutture rigide come i pennelli, i frangiflutti e i gabbioni marini siano utili per assorbire l'energia delle onde e proteggere il litorale dalle sfide costiere. Vale la pena notare che diverse opzioni di strutture di difesa costiera hanno diverse durate di vita e costi di manutenzione. Pertanto, le riflessioni complete devono essere condotte correttamente prima di implementare queste protezioni costiere contro le sfide costiere.

CONCLUSIONE

L'erosione costiera può essere considerata come un processo naturale in cui si verifica continuamente a causa degli effetti del vento, delle onde, delle maree e delle correnti. Tuttavia, a causa dell'interferenza delle attività umane come l'urbanizzazione e lo sviluppo pesante, nonché il cambiamento climatico globale e l'innalzamento del livello del mare, le coste
l'erosione diventa grave e incontrollabile per essere risolta. Così, le infrastrutture costiere vengono utilizzate per superare questo problema. In Malesia, diversi tipi di difesa costiera hanno diversi ruoli e applicazioni secondo le specifiche località geografiche. Per la costa occidentale che comprende la costa fangosa, il rivestimento di roccia e il bund costiero. Nel frattempo, la difesa costiera come i frangiflutti, i pennelli e il rivestimento di roccia sono più familiari da usare nella costa sabbiosa delle regioni della costa orientale. Inoltre, la barriera di roccia, il gabbione e i pennelli sono usati soprattutto nel Sarawak, mentre le rocce corazzate, la barriera di roccia, il blocco Labuan e le dighe sono usate nel Sabah.

Sia le strutture dure che quelle morbide sono suscettibili di diverse forme di applicazione così come di sfide come protezione costiera. Nonostante la capacità delle dighe di proteggere efficacemente la linea costiera reindirizzando l'energia delle onde verso l'acqua dell'oceano, sono note per essere molto costose, richiedono un grande spazio e dipendono fortemente dalle dimensioni e dalla forma delle dighe. Per le paratie che offrono protezione per l'area montana, le sfide riguardano l'incapacità di essere usate in aree ad alta energia. D'altra parte, i pennelli sono applicati per ridurre gli effetti dell'erosione attraverso l'alterazione dei modelli di corrente e d'onda. Tuttavia, è necessaria una manutenzione frequente ed è preferibile essere usati solo in aree con onde medie. Nel frattempo, per i frangiflutti, è comunemente applicato per la formazione di un porto artificiale riducendo l'energia delle onde nelle parti sottovento dei frangiflutti. Tuttavia, il processo di costruzione è abbastanza complesso e di solito sono necessarie strutture aggiuntive per fornire supporto ai frangiflutti. Per quanto riguarda la difesa morbida, il ripascimento è una delle opzioni temporanee per ridurre gli effetti dell'erosione senza danneggiare il paesaggio della spiaggia. L'altra difesa morbida, che è costituita dalle dune di sabbia, funziona intrappolando e stabilizzando la sabbia soffiata e mostra un basso impatto negativo, ma è applicabile solo nelle coste con meno sviluppo.

RIFERIMENTI

Ab Razak, M.S., Suryadi, F.X., Jamaluddin, N., e Mohd Noor, N.A.Z. (2018). Shoreline Planform Stability of Embayed Beaches Along the Malaysian Peninsular Coast. In: Shim, J.-S.; Chun, I., and Lim, H.S. (eds.), Proceedings from the International Coastal Symposium (ICS) 2018 (Busan, Republic of Korea). Journal of Coastal Research, Special Issue No. 85, pp. 631-635. Coconut Creek (Florida), ISSN 0749-0208. Recuperato da file:///C:/Users/user/AppData/Local/Temp/SI85- 127.1.pdf

Afshin Jahangirzadeh et.al (2012). Effetti della costruzione di strutture costiere sull'ecosistema. Accademia Mondiale della Scienza, Ingegneria e Tecnologia. Università di Malaya (Kuala Lumpur). Recuperato da http://eprints.um.edu.my/14068/1/v65-136.pdf

Airoldi, L., Abbiati, M., Beck, M. W., Hawkins, S. J., Jonsson, P. R., Martin, D., ... & Åberg, P. (2005). Una prospettiva ecologica sul dispiegamento e la progettazione di strutture di difesa costiera a cresta bassa e altre strutture rigide. Ingegneria costiera, 52(10-11), 1073-1087.

Airoldi, L., & Bulleri, F. (2011). Il disturbo antropogenico può determinare l'entità delle risposte delle specie opportuniste sulle infrastrutture urbane marine. PLoS One, 6(8).

Amri Mohd, F., Nizam Abdul Maulud, K., A. Karim, O., Ara Begum, R., Firoz Khan, M., Shafrina Wan Mohd Jaafar, W., ... Abd Wahab, N. (2018). Una valutazione della vulnerabilità costiera della costa di Pahang a causa dell'aumento del livello del mare. International Journal of Engineering & Technology, 7(3.14), 176. https://doi.org/10.14419/ijet.v7i3.14.16880

Anandkumar, A., Vijith, H., Nagarajan, R., & Jonathan, M. P. (2018). Valutazione dei cambiamenti decadali della linea di riva nella regione costiera di Miri, Sarawak, Malesia. In Coastal Management: Global Challenges and Innovations. https://doi.org/10.1016/B978-0-12-810473-6.00008-X

Ariffin, E. H., Sedrati, M., Akhir, M. F., Norzilah, M. N. M., Yaacob, R., & Husain, M. L. (2019). Osservazioni a breve termine della morfodinamica delle spiagge durante i monsoni stagionali: due esempi dalla costa di Kuala Terengganu (Malesia). Journal of Coastal Conservation, 23(6), 985-994. https://doi.org/10.1007/s11852-019-00703-0

Rete atlantica per la gestione dei rischi costieri (n.d.). Panoramica delle soluzioni morbide di protezione costiera. Recuperato da https://corimat.net/wpcontent/uploads/2017/03/2_Outil2_56P_ IT.pdf

Awang, N. A., Jusoh, W. H. W., & Hamid, M. R. A. (2014). Erosione costiera a Tanjong Piai, Johor, Malesia. Journal of Coastal Research, 71, 122-130. https://doi.org/10.2112/si71-015.1

Bakrin Sofawi, A., Rozainah, M. Z., Normaniza, O., & Roslan, H. (2017). Riabilitazione delle mangrovie su Carey Island, Malesia: una valutazione delle tecniche di reimpianto e delle proprietà dei sedimenti. Marine Biology Research, 13(4), 390-401. https://doi.org/10.1080/17451000.2016.1267365

Buck, P. (2018). La progettazione di rivestimenti costieri, muri marini e paratie. Pile Bulk Magazine. https://www.pilebuck.com/marine/the-design-of-coastal-revetments-seawalls-and-bulkheads/

Chapman, M. G., & Underwood, A. J. (2011). Valutazione dell'ingegneria ecologica dei litorali "blindati" per migliorare il loro valore come habitat. Journal of experimental marine biology and ecology, 400(1-2), 302-313.

Chen, N.-G., Saleh, E., Yap, T. K., & Isnain, I. (2018). Effetto delle strutture artificiali sul profilo del litorale di Selingan Island, Sandakan, Sabah, Malesia. Borneo Journal of Marine Science and Aquaculture, 2(December), 9-15.

Dipartimento di irrigazione e drenaggio della Malesia (2015). Studio nazionale sull'erosione costiera (NCES) 2015. Kawasan-pantai-hakisan-kategori-1. Retrieved da http://www.data.gov.my/data/ms_MY/dataset/kawasan-pantai-hakisan-kategori-1/resource/ed806db7-d2a2-4173-9989-a015907e8245?inner_span%3DTru

Evans, A. J. (2016). Strutture artificiali di difesa costiera come habitat surrogati per le coste rocciose naturali: dare una mano alla natura (tesi di dottorato, Aberystwyth University).

Firth, L. B., Mieszkowska, N., Thompson, R. C., & Hawkins, S. J. (2013). Il cambiamento climatico e gli impatti di adattamento nei sistemi costieri: il caso delle difese marine. Scienze Ambientali: Processes & Impacts, 15(9), 1665-1670.

Firth, L. B., Thompson, R. C., Bohn, K., Abbiati, M., Airoldi, L., Bouma, T. J., Hawkins, S. J. (2014). Tra una roccia e un posto difficile: Considerazioni ambientali e ingegneristiche nella progettazione di infrastrutture di difesa costiera   .   *CoastalEngineering*,   *87*,   122-135. https://doi.org/10.1016/j.coastaleng.2013.10.015

Foti, E., Musumeci, R. E., & Stagnitti, M. (2020). Tecniche di difesa delle coste e cambiamenti climatici: una rassegna. *Rendiconti Lincei*, *31*(1), 123-138. https://doi.org/10.1007/s12210-020-00877-y

Hamakareem, M., I. (2012). Tipi di strutture di protezione costiera e loro dettagli. Recuperato da https://theconstructor.org/structures/coastal-protection-structures/14020/

Hanak, E., & Moreno, G. (2012). La gestione costiera della California con un clima che cambia. Cambiamento climatico, 111(1), 45-73.

Hawkins, S. J., Burcharth, H. F., Zanuttigh, B., & Lamberti, A. (2010). Linee guida di progettazione ambientale per strutture costiere a bassa cresta. Elsevier.

Izzat, I., Im, N., Razak, A., Shahrizal, M., & Safari, M. D . (2018). *A Short Review of Submerged Breakwaters*. https://doi.org/10.1051/matecconf/201820301005

Lee, S. C., Hashim, R., Motamedi, S., & Song, K.-I. (2014). *Utilizzo di tubo geotessile per la gestione costiera sabbiosa e fangosa: A Review*. https://doi.org/10.1155/2014/494020

Loke, L. H., Heery, E. C., & Todd, P. A. (2019). Difese del litorale. In *World Seas: An Environmental Evaluation* (pp. 491-504). Academic Press.

Mangor, K., Dronen, N., Kaergaard, K. e Kristensen, S., 2017. *Linee guida per la gestione della linea di riva*. [ebook]   Horsholm: DHI   .   Availableat   : <https://www.dhigroup.com/upload/campaigns/ShorelineManagementGuidelines_Feb2017.pdf> [Accesso 15 giugno 2020].

Masria, A., Iskander, M., & Negm, A. (2015). Misure di protezione costiera, caso di studio (zona mediterranea, Egitto). *Journal of coastal conservation*, *19*(3), 281-294.

MatAmin, Abd., Ahmad, M., Mamat, M., Rivaie, M. & Abdullah, Khiruddin. (2012). Variazione dei sedimenti lungo la costa orientale della Malesia peninsulare. Domande ecologiche. 16. 10.2478/v10090-012-0010-6.   Recuperato   da https://www.researchgate.net/publication/274654555_Sediment_Variation_along_the_East_Coast_of_Peninsular_Malaysia

(Malesia). Journal of Tropical Biology and Conservation, 14: 83-94. ISSN 1823-3902. Recuperato da https://www.ums.edu.my/ibtpv2/files/06.pdf

Milad Bagheri. et.al (2019). Analisi del cambiamento della linea di riva e previsione di erosione utilizzando i dati storici di Kuala Terengganu, Malesia. Environmental Earth Sciences (2019) 78:477, doi.org/10.1007/s12665-019- 8459-x. Retrievedfrom https://www.researchgate.net/publication/334747518_Shoreline_change_analysis_and_erosion_pre dizione_utilizzando dati_storici_di_Kuala_Terengganu_Malesia

Ministero delle risorse naturali e dell'ambiente. (2009). *Attività di gestione costiera*. Recuperato da http://www.water.gov.my/activities-mainmenu-184v, 4 novembre 2014.

Paeniu, L., Iese, V., Jacot Des Combes, H., & De Ramon, N. (2015). 'Yeurt A, Korovulavula I, Koroi A, Sharma P, Hobgood N, Chung K, Devi A. *Coastal Protection: Best Practices from the Pacific. Centro del Pacifico per l'ambiente e lo sviluppo sostenibile. (PaCE-SD). Università del Sud Pacifico, Suva, Fiji*.

Pranzini, E. (2018). La protezione delle sponde in Italia: Dall'ingegneria hard a quella soft e ritorno. *Ocean and Coastal Management*, *156*, 43-57. https://doi.org/10.1016/j.ocecoaman.2017.04.018

Rahman, M. A. A., & Asmawi, M. Z. (2016). Consapevolezza dei residenti locali verso la questione del degrado delle mangrovie a Kuala Selangor, Malesia. *Procedia-Social and Behavioral Sciences*, *222*, 659-667.

Rivelazione. (2017). DepartmentofIrrigationand Drainage. https://www.water.gov.my/index.php/pages/view/536

Sadeghi, K., & Dania, A. L. (2019). Un'introduzione alle strutture onshore 'costruzione.

Sadeghi, K., Abdeh, A., & Al-Dubai, S. (2017). Una panoramica sulla costruzione e l'installazione di frangiflutti verticali. *International Journal of Innovative Technology and Exploring Engineering*, *7*(3), 1-5.

Schmitt, K., & Duke, N. C. (2015). Gestione, valutazione e monitoraggio delle mangrovie. *Manuale di silvicoltura tropicale*, 1-29.

Shin, E. C., Kim, S. H., Hakam, A., & Istijono, B. (2019). Problemi di erosione del litorale e contromisura con vari geomateriali. *MATEC Web of Conferences*, *265*, 01010. https://doi.org/10.1051/matecconf/201926501010

Strain, E. M., Olabarria, C., Mayer-Pinto, M., Cumbo, V., Morris, R. L., Bugnot, A. B., & Bishop, M. J. (2018). Eco-ingegneria delle infrastrutture urbane per la biodiversità marina e costiera: quali interventi hanno il maggior beneficio ecologico? *Journal of Applied Ecology*, *55*(1), 426-441.

Strain, E. M. A., Cumbo, V. R., Morris, R. L., Steinberg, P. D., & Bishop, M. J. (2020). Interagire effetti della struttura dell'habitat e semina con ostriche sulla biodiversità intertidale di pareti marine. *PloS one*, *15*(7), e0230807.

Syakir, M., Zulfakar, Z., Akhir, M. F., Helmy, E., Awang, N. O. R. A., Azam, M., Muslim, A. M. (2020). L'effetto delle protezioni costiere sull'evoluzione della linea di riva a Kuala Nerus, Terengganu (Malesia). *Journal of of Sustainability Science and Management*, *15*(3), 1-15

Williams, A. T., Rangel-Buitrago, N., Pranzini, E., & Anfuso, G. (2018). La gestione dell'erosione costiera. In *Ocean and Coastal Management* (Vol. 156, pp. 4-20). Elsevier Ltd. https://doi.org/10.1016/j.ocecoaman.2017.03.022

Yanalagaran, R., Ramli, N. I., & Ramadhansyah, P. J. (2019, febbraio). Panoramica del disastro di erosione costiera indotta dai monsoni nella Malesia peninsulare sulla base dei rapporti dei mass media. In IOP Conference Series: Earth and Environmental Science (Vol. 244, No. 1, p. 012035). IOP Publishing.